揭開飛行的奧秘

王懷柱　編著

U0068823

全華圖書股份有限公司

作者簡介

王懷柱(俊霽)

中正理工學院車輪工程學系畢業

德國阿亨工大學航太工程博士

曾任教：

國立台灣大學機械工程研究所

中正理工學院

曾任紐約NYU AEROSPACE LAB.研究員。嗣後自營事業，現已退休

曾著有：

火箭　　　　民57年幼獅書局青年科學知識叢書13

氣體動力學　民58年商務印書館大學叢書

吾愛吾車　　民84年金菠蘿出版社入門書16

吳　序

　　人類初見蚊蠅蝶鳥飛遊天空中，自以爲是自然現象，是這些動物的一種天生的本能。及知道鴿子能飛數十里後返家，候鳥能遷徙數百千里，乃由驚異而欣羨，思人乃萬物之靈，應也能遨遊天空，不遜於禽鳥才是。由蝶蜓的觀察，首先發現翅翼對飛行之重要，風箏便是人類使重於空氣的物體，停留於天空中的一個最早成功之實例。四十多年前，我偶在電視看到外國一記事片，一個發明家，設計了一對極大的翅膀，他從巴黎艾費爾鐵塔，張開翅膀跳下，但飛行嘗試失敗，跌死了。故單是有翅翼是不夠的，如何使翅翼能夠飛行，首需瞭解空氣動力學的基本原理，和許多飛行而高留空中的基本原理，是流體力學的最早的伯努利(Bernoullin)原理。由此發展到飛機翼的切面等原理，進而發展飛機飛行之空氣動力學、飛機結構工程學等等。由最基本的物理(動力)學，到流體動力學，到飛機的設計等，全部是複雜而深奧數學的理論和經驗結果，見諸基本入門的大學物理、流體力學、航空工程等專著，及學術性論文期刊。此外，則有半通俗性介紹航空學的書，多爲青年學子及非專門和工程界學者所用。

　　由於社會上教育水準的提高，後一類半通俗介紹航空知識的作品，需求漸多。惟由於「飛行」本身複雜的技術性，完全避免數學的敘述，

其表達甚難簡明正確，故半通俗性的作品往往令欲求清楚瞭解的讀者，有未具詳盡之感。

　　王懷柱所著的這本「揭開飛行的奧秘」是一本極不尋常的新書，內容知識豐富，繪圖敘述易讀，解說十分正確。此書特色之一是用許多表達清楚的繪圖，並比照飛鳥與飛蟲的飛行動作，解釋飛行理論與空氣動力學的作用。這些圖片大大的幫助讀者瞭解物理學的道理，雖然沒有數學的敘述，但具有極好的互補效果。

　　如今本書即將出版，我謹以愉快的心情，推介此書予(一)大學生學習航空工程或流體動力學者，(二)對科學有興趣之一般社會人士(具有相當於高中物理學中的力學知識)的讀者。

吳大猷

林　序

　　歷史上最早載人的動力飛機始於 1903 年 12 月 17 日，由於萊特 (Wright) 兄弟二人試飛成功，揭開了飛機飛行時代的序幕。其後隨著科技進步的累積，二十世紀人類進入了太空時代，噴射機便是本世紀一項重大的科技產物。它的問世為人類帶來快捷、舒適旅行之便利，大大縮短了地球上相隔遙遠的兩地距離，成為今日不可缺少的運輸工具。

　　人類如何能夠實現像鳥類一樣在天空中自由飛翔的夢想，何種力量落在陸地上，其中的奧秘相信是社會大眾所渴望知道的。就現階段我國情況而言之，近年來由於台灣經濟發展迅速，國民生活水準不斷地提高，汽車的使用在台灣已經十分普遍，在國人享受駕駛汽車樂趣之餘，進而渴望有一天能夠駕駛飛機遨遊天空中，這並非奢望，今日台灣已見到有人駕駛單翼小飛機作為休閒娛樂活動，所以對於有關飛機飛行的知識，國人具有迫切的需求。

　　本書作者王懷柱早年在德國阿亨理工大學航空工程系修得博士學位，不但具有航空專業知識，又具有豐富的航空教學及研究的經驗。去歲(民85年)他自美來台，曾和我談起擬寫本書的計劃，不意在一年多的光景，他已經將這一本圖文並茂的論述草程呈現在我的眼前，對於他寫作之勤快，我十分佩服。

本書共有八章，作者以淺顯易懂的文字，有系統地介紹有關飛機飛行的知識，內容對「飛行原理」、「推力和升力的產生」和「飛行安全」等均加以闡明和詮釋；難能可貴的是將技術性的航空儀器，亦即飛機上駕駛艙內必備的電子儀表也予以詳加解說，使讀者閱讀後不再對航空儀器具有神祕感。本書另一特色是作者以物理的觀點，用簡潔的文字，輔以精彩的繪圖，闡明了飛機飛行的原理，而不引用枯燥無味的數學公式，至為難得。我閱過本書稿本後，覺得本書可適合大專院校航空工程相關科系，作為輔助教材用，對空氣動力學理論及其應用的瞭解，大有幫助；又對廣大的社會人士而言，本書也是能夠易被接受的一本有關航空科學知識的專著，不但可啓發對科學研習的興趣，也可拓展讀者科技的知識及深度。

本書是一佳作，相信它的問世必可滿足青年學子及社會人士對航空知識的需求，從而獲得莫大的助益，我願為之鄭重推介。

林爾康

徐　序

　　舍表弟王懷柱博士，在大學求學階段專攻車輛工程。民國四十九年考取第一屆中山獎學金留學德國，所學為航空工程，並獲航空工程博士學位。回臺後，任教國立臺灣大學機械工程研究所及中正理工學院，分別講授氣體動力學、磁性流體力學(MHD)、流體力學、空氣動力學等重要課程。赴美後，曾在紐約大學太空研究所(NYU Aerospace Lab.)從事超音速民航機SST之音爆研究多年。

　　遠在民國五十七年間，懷柱就寫了一本「氣體動力學」，由商務印書館出版，列為大學叢書，內容非常豐富。因為是純學術性著作，所以敘述方式相當嚴肅。因此，懷柱一直有一個心願，極想把這種純理論性的科學道理予以通俗化，希望另寫一本大家都看得懂有關空氣動力學的書。懷柱常常和我談到，空氣動力學不僅是飛行的基礎，實在也與我們日常生活有密切關係。所以，常人具有一些有關空氣動力學的常識，實有必要；而且也必定會感到興趣。

　　但是，要把嚴肅枯燥的專門性科學知識，寫成人人都能讀懂的大眾化書籍，並不是一件容易的事情。你必須澈底了解那最高深的理論，了解那運用最複雜的數學或專門詞語所解說出來的道理，予以融匯貫通，然後你才能用最通俗的語言和日常生活中的事例，來對大眾說明，使大

眾看得懂。

　　懷柱是氣體動力學和空氣動力學方面專家，他當然是眞正懂了，更融匯貫通了空氣動力學；於是，在他退休之後，殫精竭慮寫成了這部大眾化的空氣動力學，並且拿去請教吳大猷先生。吳先生非常高興，除了爲本書寫序之外，而且主張書名要配合書的內容，也予以通俗化。因爲光是空氣動力學這一書名，就會使人望而生畏，把非專家的讀者嚇跑。於是，懷柱十分欣然地就把書名改定爲「揭開飛行的奧秘」。

　　現在，這本要出版了，預料必將成爲雅俗共賞的書，也必定有助科技智識的傳播和普及化。

徐有守

於臺北

前　言

　　我們都知道牛頓的故事，他看到熟了的蘋果，只往地面落下，便開始追求這個道理，而發現了地心引力的存在，進而發現所有物質之間也都互有引力，這就是萬力引力定律，而且可以用數學算出它的大小，並用實驗證明。

　　科學家發現某種現象後，便以實驗方法或數學方法，或者兩法並用，來證明、並且定量定性地分析這個現象。

　　我們生活在一個科學時代，發展科學雖然是科學家的事情，但了解科學卻是大眾的權利。美國公共電視台經常播放通俗的科學節目，但有一句很有意義的話，「科學不是專屬於科學家的」(Science is not just for scientist)。

　　美國柯林頓總統最近宣佈，打算在公元2000年，使教室和圖書館能連接上國際網路，協助學生具有科技常識，不至成為科技文盲。科技如此先進的國家，尚且這樣重視大眾科學的推廣，畢竟，牡丹需要茂盛的綠葉來陪襯啊！

　　記得1970年代初，有幾位台大留美回國的同學，創辦了一份大眾科學的雜誌(名稱忘了)。他們熱心於普及國民科技知識的精神與理想，一直令我欽佩萬分！

大猷先生以一位國際大師級的科學家，欲也非常關心大學生以中學生的科學教育情形。甚至曾於民國八十二年四月上華視「一閃一閃亮晶晶」的節目。當凱凱請教吳爺爺如何成爲科學家的人道，大師說基本條件當然是對科學有興趣，也要有追根究底、好奇的精神，按部就班紮實學習。又教導小朋友學習要漸進，像小孩吃牛奶，不能一下換魚翅，免得消化不良。大師又鼓勵小朋友碰到事情時也要常問「爲什麼」。通俗的科學讀物就像喝牛奶，用容易理解的方法回答「爲什麼」。

1967年間，有個Plasma Dynamics方面的問題，我雖深思，總不得透澈了解，仍求救於大猷師，經他佬舉了個父親與兒子間的故事作譬喻，便點通了我的竅門。給了我一個啓示，才知道高深的科學問題，是可以用日常生活的例子來解說的。當然，大師的學問廣博精深，融會貫通，才有這份四兩撥千斤的功力。Maxwell曾經說過，如果學問不能跟日常生活的現象相結合，就表示並未得到通盤的了解。自此以後，我講課時，遇到學生難以理解的問題，便搜索枯腸，試著找個適當的譬喻來說明這個概念。

學習科學一定要把概念弄清楚，才可以在用數學或實驗求證時，不玫迷失，並且可以提高學習的興趣。

我有一位老前輩的學長嚴演存博士，他在唸中學時，原來對文史感興趣，後來遇到一位物理老師，很注重概念的傳授，激發了嚴老師的理科潛能，而考取了民國十八年清華大學物理系的榜首，只因家境無法負擔，便入學於當年在漢陽的兵工專門學校。早年，嚴博士對台灣的化工業以及經濟發展有過很大的貢獻。

民國四十二年間，我在坊間買到一本關於化學方程式平衡的書，也是用些日常生活的譬喻說明概念，讓我獲益匪淺，深覺以這樣方式撰寫的入門書是何等重要！考入兵工工程學院(中正理工學院的前身)以後，有幸能受到當時台灣多位名師的調教，秉著不把問題弄清楚便不能罷休

的傻勁，自認根基打得很紮實。多年來便一直想寫一本雅俗可以共賞的空氣動力學，來報答社會。

四十多年以來，承表哥徐有守先生的不斷鼓勵，又看到他從考選部政務次長任上退休後，便孜孜不倦地勤於著述，樂在其中，更激勵了我完成這個心願的士氣。

空氣動力學是一切飛行的奧秘所在，也和其他的生活方面關係密切。有人也許認為它是一門很艱深的學問，是專家們的專利品。其實不然，若從物理層面去瞭解，也非難事。只是這些物理現象要用到高深的數學才能證明與分析。所以，空氣動力學是物理學的流體力學一支，和航太科學的一主科，也屬應用數學的討論範疇。

本書便是捨數學而就物理現象來介紹飛行原理，以期了解航空、鳥類以及昆蟲飛行的道理，也順帶說明了若干其他方面的應用，如擲棒球、滑雪跳躍、建築以及污染擴散等等。這本書就像加了維他命A和D的牛奶，既容易消化，也增加了營養。

這本書對主修空氣動力學以及飛行力學的同學來說，當他們遊戲於數學的八卦陣裡，也是一服清涼劑，可以幫助了解，在演導繁複的數學式中所追求的真實物理意義。

雖然我在德國求學，有一門「飛行力學實習」的課程，一學期中乘坐了好幾種小型飛機，去經歷各種飛行性能的實驗，都是由試飛員駕駛，在經過爬升，轉彎和俯衝幾個動作後，我便已經暈頭轉向，一心只盼望早些降落。好在試飛員助教供給數據，我們才可以寫報告。

所幸的是，故摯友王唯農博士的次哲嗣，興中世侄有充分的經驗，在撰寫本書的過程中，和他討論過多次，承他提供資料和寶貴建議，並且「玩」過他教室中的模擬飛行，非常有益，也非常感謝！興中在國立交通大學自動控制研究所畢業後，考取華航的機師培訓，赴美接受嚴格的飛行教育，有很豐富的經驗，並考得了美國FAA民航機師執照。現在

台北市主持美國亞歷桑那航空學校台灣分校。有興趣學習飛行的青年朋友，可有去處了。能遨遊在藍天之下，俯瞰壯麗的山河和碧波無涯的海洋，該是多麼的令人嚮往啊！

因此，我特別請興中寫了一篇「如何成為飛行員」，給有志於飛行事業的青年朋友一個正確的指引，非常可貴，承他允列為本書附錄，十分感謝。

微軟公司(Microsoft)所出品的模擬飛行(Flight Simulation)軟體，廣為世界各地的青年所愛，實在是醉心於飛行的朋友們最佳的「玩具」。還有，對愛好玩模型飛機的朋友來說，這本書正可以向他們提供清晰的基本知識，有趣的「Know How」，能更純熟的享受「自己駕駛」飛機的莫大樂趣。

本書專用名詞之中譯名乃根據吳劼博士著宋齊有博士校之航太名詞典為準，亦此致謝。

為了達到人人能看得懂的目的，常常和內子建南討論本書內容的細節，有時為了一個字或詞而推敲良久，甚至三易其稿，以求通順，非常感謝她的辛勞。雖然如此努力，一定還有詞未達意之處，尚請讀者原諒。

完稿後，首先寄給摯友林爾康博士審閱，承他給了我一寶貴的建議和鼓勵，實在感謝這位台灣物理學界的開路先鋒。

本書蒙　大猷師賜序，至感榮幸，今年正恭逢　大猷師九秩嵩壽之喜，擬謹以此書作為小小獻禮，聯表景仰之忱。

數十年來，從報章上常可拜讀　大猷師苦口婆心，鏗鏘有力的讜論。以中國傳統讀書人的清風傲骨，以研究科學而成就卓越的睿智，洞察問題癥結所在，一針見血地對當前社會發出警世之宏音，如暮鼓晨鐘，振聾啟瞶。這都是以熱愛生命，關心人類的「仁」為念，古云「仁者壽」，大仁之人必得大壽。以仁為懷，所以　大猷師耿直而常保赤子之心，從不知勾心鬥角為何物，心身自然健康而長壽了。

修訂序

　　本書自1997年出版以來，瞬已十餘年了，非常感謝讀者們的愛護，讓我推廣科普以(報國)以回饋社會的初衷得以展現！其間雖曾增訂兩次，但都是小規模，近年來，航空科學的進步既鉅且速，所以有了這次較大程度的增訂，以報答讀者。

　　因為計算超音速氣流和亞音速氣流的數學，是不同性質偏微分方程式，很高深難解，那時只能用線性化予以簡化而算出近似值，然後由風洞輔助修正。如今雖然有大型電腦用數值法(NumericalMethod)運算，可以得到相當精確的結果，但還是要靠風洞來幫忙，以求精準。以前，本書未對超音速飛行的機翼理論作過介紹為憾，這次便特別作了深入淺出的介紹。

　　這次還舉了實際的例子，說明如何利用「面積規則」，來減少飛機飛行時的阻力，從而飛得更快些。所以，我們搭乘的越洋客機才可以在相當地接近音速而飛行。

　　增訂部份也介紹了一些減少各種污染及節能，以及飛行安全方面的知識，猶憶全華科技圖書公司前董事長詹儀正先生曾預言此書可銷行十年不成問題，甚謝儀正先生的遠見。

爲讓年青一代的讀者讀起來，語句感到更順暢，承編輯劉人瑋、陳韋翔先生雖在百忙中，仍熱心願爲本書潤稿，細心編校與訂正，費心費神之至，作者謹致誠摯的謝忱。

王懷柱

編輯部序

　　「系統編輯」是我們的編輯方針，我們所提供給您的，絕不只是一本書，而是關於這門學問的所有知識，它們由淺入深，循序漸進。

　　本書作者將嚴肅枯燥的專門性科學知識，寫成人人都能懂的大眾化書籍。其內以淺顯易懂的文字，有系統地介紹有關飛機飛行的知識，並對「飛行原理」、「推力和升力的產生」和「飛行安全」等加以闡明和詮釋。相信本書絕對可擴展您科技的知識及深度。本書適合大專院校航空相關科系及對航空飛行有興趣之社會人士參考使用。

　　同時，為了使您能有系統且循序漸進研習相關方面的叢書，我們以流程圖方式，列出各有關圖書的閱讀順序，以減少您研究此門學問的摸索時間，並能對這門學問有完整的知識。若您在這方面有任何問題，歡迎來函連繫，我們將竭誠為您服務。

目　錄

第七章　航空儀表　7-1

第一章
談些掌故

(一)　人類的飛行小史

(1)　沒有成功的先行者

(a)　我國最早就有試飛的人

人類的老祖宗，早就心儀鳥類的飛行了。

我們中國人的祖先，原來就有卓越的科技成就：例如指南針、造紙術、火箭等等，不勝枚舉。

約兩千(公元0019)年前，我國便有過飛行人。根據資治通鑑有關王莽的記載：「匈奴寇邊甚，莽乃大募天下男丁及死罪囚吏民奴，名曰豬突狶勇，以為銳卒。……又博募有奇技術可以攻匈奴者………或言能飛一日千里，可窺匈奴，舉輒試之，取大鳥翮兩翼，頭與身皆著毛，通引環，飛數百步墜。……」可惜只能飛行數百步而已，便掉下來了，無法達到偵察匈奴敵情的目的。

(b)　古希臘的神話

古希臘的神話中，便有Daedalus用羽毛做成的大翅膀，用蠟黏在他自己和他的兒子Icarus身上，想飛出牢籠（圖1-1）。事先他曾警告兒子不可飛得太高，免得太陽會把蠟熔化了，可是Icarus飛得太高興而忘了父親的叮嚀，越飛越高，最後果然摔死了。

(c)　西洋的試飛人

1011年，有一位英國人，名叫Eilmer的修士，也裝了一對翅膀，從Malmesburg跳下，結果沒有飛成，反而把腿給摔斷了。

1162年，一位叫Balori的法國人，用彈簧來鼓動雙翼。可惜，因彈簧折斷而不幸喪生。

16世紀文藝復興時期，達文西(Leonardo da Vinci)大師曾設計過一具很大的飛行翼；也設計了一架直升機(見圖2-58A)，可惜，都沒有成功。

圖1-1

1891到1896這五年間，德國有一位叫Otto Lilientahl的工程師，設計了如圖1-2所示的滑翔機，必須從斜坡上往下跑，待速度夠了，才能懸空飛行一會兒。這架滑翔機的翼長九公尺，是個龐然大物。

圖1-2

(2)　萊特兄弟的貢獻

　　萊特(Wright)兄弟二人，皆醉心於飛行，他們也是先從滑翔飛行著手，然後進步到動力飛行。經過了許多次的實驗，都沒能成功，幾乎要放棄了。1901年，幸得謝諾(Chanute)先生的鼓勵和資助，才能繼續努力地研究下去。這次，他們改變了著手的方向，順著科學研究的正確路子，首先製作了世界第一座風洞。

　　這座風洞雖然很簡陋，僅有兩公尺長，所能產生的風速也只有每小時43公里。但在風洞的頂端裝有玻璃，用以觀察空氣的流動狀況，並且在風洞內裝置了兩架天平，用以測量升力和阻力，同時也裝置了一具量角儀來測量攻角。經過了許多次的試驗以後，終於找到了最佳的機翼形狀；巧合的是，竟然和飛鳥的翅膀不謀而合(見圖2-6)，不但升力增加，阻力也減少了！

圖1-3

其實,今天的風洞(見圖2-52),還是依照同樣的基本道理運作,然而測得的數據卻是精確太多了,加上由電腦控制,操作也方便許多,不僅可以依據需要而產生各種風速,還可以模擬各種天侯呢!

為了從事動力飛行的試驗,萊特兄弟還製造了一具12匹馬力的引擎,作為推進的動力,因為空氣的密度比水小多了,他們便揚棄了船舶用的螺旋槳,而想到採用機翼理論,於是,把做得細長的機翼,在中間處扭轉若干度(見圖1-5),便成為推進飛機用的螺旋槳了。

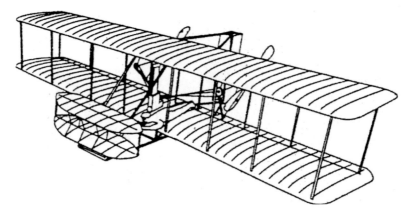

圖1-4

此外，在飛機的前方，裝置了兩個水平安定面，又在尾端裝置了兩個垂直安定面(圖1-4)。經過了多次的試飛改良，終於在1903年12月獲得成功。雖然只飛了59秒鐘，和284公尺的短距離，無疑地，就初步研究來說是成功了。

圖1-5

1908年萊特兄弟在法國作飛行表演，參加慶功宴時，大家請哥哥Wilbur講話，不善言詞的他，只說了留傳久遠的一句話：「我曉得鸚鵡會說話，可是卻飛得不高」，的確含有相當的哲理呢！

(二)　噴射及超音速飛行時代的來臨

　　當然，還有許許多多位的有志之士，鍥而不捨地研試，敗而不餒，繼續努力，不斷改進，才有下面所述的驚人突破。

　　1941年，德國試飛了第一架噴射式飛機，用渦輪式噴射引擎取代了活塞式引擎，用噴射所造成的反作用力，來取代螺旋槳以產生推力。並且採用了後掠式機翼(見圖2-23A)，以減少阻力，時速高達860 公里(540哩)，飛機型號為Me262(圖1-6)。這真是巨大的進步，航空因而跨入了噴射時代！

圖1-6

　　1947年10月14日，由美國C. Jaeger所駕駛的X-1研究飛機(見圖1-7)，為了節省燃料，先由B-29轟炸機攜帶著飛行，到一萬二千呎(四千公尺)的高空後，便脫離母機而啟動火箭引擎，開始加速並且爬升到四千呎(12,192公尺)的高空。當速度達到每小時七百哩(1,126公里)，這時的馬赫數是0.96(也就是音速的0.96倍)時，飛機受到了激烈的震動，飛機前端產生了震波(見第二章第五節)，X-1飛機便終於衝破了音障(Sound barrier)而達到了馬赫數為1.05的超音速。這時，飛機所受到的衝擊消失了，一切又歸於正常，可是在地面上的人們，卻聽到兩響炸裂聲，這便是音爆（Sonic boom），於是航空科學便跨入了超音速時代。

圖1-7

　　1997年正好是超音速飛行五十週年，美國郵局於這年十月間，發行了一枚紀念郵票。圖案中還在飛機的前端畫了一道弓形震波(其實是肉眼看不到的)的示意圖，和圖5-17比較，太空梭的震波傾斜得太多了，因為太空梭飛行速度的馬赫數達到20之高！

　　這兩件重大的進展，距1903年12月萊特兄弟試飛的初步成功，只是四十年的功夫而已，其進步之神速，實在叫人讚嘆不已。

　　當然，從萊特兄弟所的的風洞實驗起始，後來許許多多的科學家們，在空氣動力學(Aerodynamics)上的潛心研究，而成了一套體系完整的理論，才是進步迅速的原動力。

(三)　什麼是流體力學

(1)　流體的一些特性

　　我們都知道，物質有三態(states)，固態、液態和氣態是也。可是，液態(如水、油等)和氣體(如空氣、水汽等)都有個共同的特性，那便是：

它們都能適應容器的形狀。即使在靜止狀態，也對容器的內壁表現了力量。例如，儲了水的水庫，水壩便承受了水位所施加的壓力；皮球的內壁和大地表面上的萬物，也都受到了一定的壓力。

兩者不同的是：氣體具有壓縮性(compressibility)，當氣體受到外界的力量時，它的體積便會縮小而氣體分子間便會擠得更密；當外加的壓力減小時，體積卻隨之膨脹，壓縮性可以表現彈性，充足了氣的皮球，便可彈起而跳躍。

液體便沒有這種特性了，不管它受到多麼大的壓力，體積和密度都保持不變，真是一條硬漢，所以液體又稱為不可壓縮流體(incompressible fluid)。

由於這種剛正的特性，液體才被用來作傳遞力量，而且無論傳遞的方向如何變化，它都會不辱使命，把力量送到需要的地方。

又根據巴斯噶(Pascal)原理，還可以把力量加以放大許多倍，而變成超級大力士，所以，飛機上的襟翼、升降舵以及方向舵、起落架等等，都要借重這位大力士，其他方面的用途更多也很普遍，汽車所用的液壓煞車便是一例。

(2)　流體力學

我們都知道，所有的物體，當然包括流體，都服從牛頓的三大運動定律，以及能量不滅定律，和質量不滅定律(對流體力學來說，又稱為連續定律)。把前述的這兩個不滅定律予以合併後，便可得到有名的柏努利(Bernoulli)定理。這些定律、定理便是處理流體力學的根本大法。

當流體受到不同的壓力時，都會從壓力較高處流向壓力較低處，在流動的過程中，所表現的壓力、速度和溫度的變化，都是依據這個根本大法而相互影響的，此消則彼長，這便是流體力學(Fluid dynamic)。

　　初期的流體力學實際就是水力學，不考慮流體的壓縮性，和溫度的變化。

(四)　空氣動力學的誕生

(1)　背　景

　　萊特兄弟用風洞來進行科學研究，找出了最佳的機翼和螺旋槳的形狀，使得動力飛行的夢想能夠實現，於是許多的物理學家便把流體力學的基本理論，特別應用到飛行理論上來，而且加以修正和補充，便發展成為空氣動力學。

　　例如，空氣的黏性是很小的，而飛機的飛行速度又遠比河水流得快很多，機翼的面積也相當大，這樣一來，雷諾數(見第二章第九節)卻變得很大(見第二章第四節)，古典的流體力學便不能普遍適用了。

　　此外，若飛行速度高於音速(見第二章第五節)的一半(馬赫數於0.5)，也就是時速約為600公里時，空氣的壓縮性便不可忽視了，必須加以修正才行。例如在機翼最厚處，空氣流體的速度最大，根據柏努利定理而言，空氣的壓力降得最低，壓力愈低則空氣的密度愈小，也就是說空氣膨脹得更大，空氣各分子間的距離也變大，如果用流線來代表空氣分子所走的路線，流線便像圖2-17實線所示而向外擴張，這時，便要依速度多高(用馬赫數表示)而加以修正了。

　　到了超音速階段，情況更是不同，因有震波的出現，便又產生了波動阻力(Wavedrag)，這是因為它們的管制方程式(governing equations)的型式根本不同了，這些方程式便是用前面說的根本大法所演導出來的。我們不去管那些繁冗艱深的數學演算，而單從物理觀念去探討，去認識超音速和次音速(低於音速)氣流之不同，這將在第二章第五節裏加

以討論，這種專門討論接近於音速以及超音速的空氣動力學，又稱為氣體動力學(Gasdynamics)。

(2) 發展簡史

德國哥廷根(Goettingen)大學的普朗德(Prandtl)博士是空氣動力學的鼻祖，他所領導的學者們，對空氣動力學、邊界層理論(Boundary layer)有著鉅大的貢獻。高足之一馮卡門(Von Karman)博士後來轉任阿亨理工大學(Aachen Technical University)教授，並創立了空氣動力研究所，設置風洞從事研究。作者曾在該所研習，並於1966年獲得博士學位。因為他是匈裔猶太人，在納粹時代，深受排擠而不獲信任，風洞也由德國政府交給軍方使用，他雖為所長，卻不准過問，因此他便應加州理工學院(C.I.T.)之邀聘而赴美。1963年，馮博士返阿亨後，不久便辭世，作者有幸參加了這位學術巨人的葬禮。

匈牙利人素對中國人友善，尤其馮教授得到了好多位有才華的中國學生，如錢學森、柏實義諸先進，真是如魚得水，師生們對近代航太科學的諸多偉大貢獻，是舉世皆知的。

還有美國前紐約大學太空研究所(NYU Aerospace Lab.)主任華利(A. Ferri)博士，對空氣動力學也有過很大的貢獻，世界第一座超音速風洞便是他設計創建的，作者早年曾隨他研究「音爆」多年，可惜博士於1974年因心臟病辭世。

當然，還有許多的學者，對航太科學作出過各方面的卓越貢獻，真是敘述不盡。

(五)　這是一個太空時代

(1)　太空艙

　　六十年代，美國發射巨型火箭，將載人的太空艙（Capsule）送入預定的太空軌道，當任務完成後，太空艙重返地球，而墜入海洋中，由船艦撈起。可是這個太空艙就只能用這麼一次，多麼的不經濟啊！

　　最近，大陸所發射的「神舟」號飛船（就是太空艙），除了用降落傘外，還用逆向火箭來操縱減速，相當精確地降落在指定的陸地上，成就可謂不凡。

(2)　為太空航行而投石問路

　　太空艙既是如此的不經濟，如果能像飛機般，飛翔於太空軌道和地球之間，太空飛行便會變得既經濟又方便，該是多好。

　　為了因應這個問題，美國太空總署(NASA)於1963年8月進行實驗計畫，由Joe Walker駕駛以火箭為動力的X-15研究飛機，也是先由B-52巨型機帶到上高空，脫離母機後即點燃火箭引擎而爬升。最高曾飛到35萬呎(67公里)高的太空，時速高達6.7馬赫數(相當於時速4,520哩或7,232公里)。這是有翼飛機所創的最快飛行速度和最高的飛行高度的記錄。

　　X-15飛機以如此高速重返大氣層時，前端所產生的震波非常的強烈，會造成非常高溫的氣流和非常大的摩擦阻力，使得機體表面會熱到華氏三千度(攝氏1635度)之高，以致機身甚至引擎都受到燒損，所幸並不嚴重，並且飛機也能平安地降落。

(3) 太空梭

　　這些令人滿意的成就，開闢了有翼飛機能由人駕駛而往返地球和太空軌道之間的康莊大道，因此才有了後來的太空梭(Space shuttle)，先由推力巨大的火箭，將太空梭推送到所選定的太空軌道(圖1-8)，待任務完成後，太空梭便由太空人(又稱宇航員)駕駛回到地球來，在機場跑道上降落，就和超音速飛機一樣，並且可以重覆使用。

圖1-8

　　有了太空梭這樣方便的交通工具，人類便可以很方便地往返於太空和地球之間，而且在太空建立工作站作為基地，居高臨下，如果用於軍事，那麼電影中的星際大戰，可能成為事實，但願永遠不會如此。

　　自從1957年俄國發射人造衛星以來，美國迅即跟進，並且多次登陸月球。八十年代末，美國發射了攜帶哈伯(HUBBLE)太空望遠鏡的衛

星，從事宇宙起源的探討，不久前衛星出了毛病，現已由太空人修復，又可送回觀測結果，而且找到了比太陽大三倍的巨大黑洞，也發現了一道氣體光環，距地球十六萬七千「光」年之遙遠。宇宙是如此的浩瀚，簡直是無法想像啊！

(六)　試飛員的功不可沒

　　當初，萊特兄弟、寇提斯(Glenn Curtiss)和好多位飛行的開拓者，都是自己設計、自己試飛而加以改進的。

　　自從有了空氣動力學後，飛機的設計變得更加複雜，加上設計師不見得能駕駛飛機，更不必談由自己試飛了。雖然有風洞作實驗，最後階段還是要靠試飛員(Test Pilot)去檢驗了。

　　試飛員不但要有優越的飛行技術，而且對飛機各方面的專門知識，包括空氣動力學都有足夠的瞭解，很多試飛員甚至還具有高級的學位。例如Doolittle便是麻省理工學院(MIT)的工程博士；Joe Walker也獲有物理博士學位，他們都是智勇雙全，膽大心細的人物。經過了試飛員的試飛後，才可以知道飛機的性能是否合乎當初設計的要求，以及還需要改進的地方，和設計人員互相研討，期使達到盡善盡美的境地。所以，試飛員是飛機設計及製造過程中的大功臣。

　　二次世界大戰時，德國有位出色的女試飛員，名叫Hanna Reitsch，曾試飛Me163型火箭飛機，時速超過800公里(500哩)，高度達10,000公尺(三萬呎)。因為火箭引擎所能攜帶的推進劑有限，所以只能維持兩分鐘的動力飛行。順便一提，X-1研究飛機的火箭引擎，所攜帶的推進劑，也只能燃燒兩分半鐘而已。

第二章
升力是如何產生的

(一) 飛機水平穩定飛行時受到那些力量

　　根據牛頓的第一運動定律說:任何物體在所受的外力互相抵消(也就是合力為零)的情況下,那麼靜止的物體始終保持其靜止狀態;若是在運動狀態中,便以穩定的速度,保持其直線運動。

　　所以,飛機在水平穩定飛行(俗稱巡航)時,首先飛機機翼所產生的升力L,應該和飛機的重量W相等,那便是:$L=W$。此外,飛機引擎所產生的推力T,也應該和一切加在飛機上的阻力D相等,也就是:$T=D$。

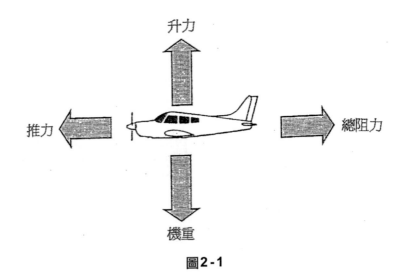

圖2-1

(二)　談談幾種產生升力的方法

(1)　相對運動

　　我們都知道，太陽是恆星，只是地球在不停的自轉，同時又繞著太陽而公轉。因自轉才有晝夜之分，然而我們萬物之靈的人類，卻主觀地認為地球是不動的，而把地球作為基準，認為太陽在繞著地球而轉。所以，清晨可以看到太陽從東方冉冉昇起；黃昏時，晚霞伴著夕陽西下。

　　搭乘汽車或火車時，有時會覺得兩邊的景物迅速向後退，不覺得車子在前進。當機翼載著我們穿過空氣向前飛行時，如果坐在窗口，有時可以看到白雲迅速滑過翼面向後退去。

　　我們放風箏時，見到它靜止停在空中而搖曳生姿，其實，是藉著微風吹向風箏，才能產生升力而懸浮在空中。

　　所以，為了分析方便起見，我們不妨把飛機作為基準，而認為空氣是以相同的速率向飛機吹來，我們將之稱為相對風(Relative wind)，見圖2-2的說明。相對風的；大小就是飛行速度(航空專用名詞稱為空速)的大小，只是方向相反而已。在本書的討論中，三者都是同義的。

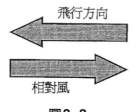

飛行方向

相對風

圖2-2

(2)　平板可以產生升力

　　先讓我們做個簡單的實驗，在微風中，將一塊小平板迎風的一邊，稍為翹起一點點，我們便可以感受到一股向上推的力量，這就是升力(見圖2-3)。根據牛頓第三運動定律的反作用原理，當微風中的空氣分子衝向平板底面，並被折向，因此而產生了反作用力，道理就是這樣簡單。風箏也因此獲得了升力；如果風速大小適當，而且穩定，平板翹起的角度(術語叫做攻角)也恰當，風箏便開始在天空婆娑起舞了，玩風箏的高手們都深諳此理。

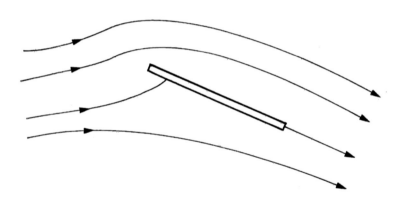

圖2-3

　　風箏所能產生的升力實在很小，如果利用機翼理論，用充氣的方法，做成具有厚度的傘面，上面凸出，下面凹進，有機翼一樣的剖面，人們稱之為傘帆(Parasail)。若被快艇拖曳時，對流風吹到傘上，所產生的升力，足可承載兩個人在天空逍遙(圖2-4)，這是許多年輕人所愛好的運動。

　　98年，美國人麥考伊完成了一項壯舉；曾在海面283公尺的高空，翱翔了六小時又五十五分鐘，飛行了176公里之遠，而被列入金氏世界紀錄。

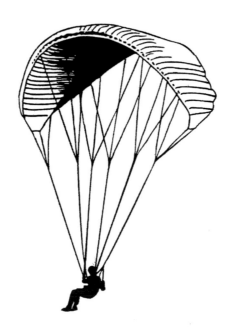

圖2-4

　　美國太空總署便利用同樣的道理，做成了滑翔傘(Paraglide)，曾把進入了大氣層的Gemini太空船，由太空人駕駛著順利地滑翔到預定的地點降落。

(3)　柏努利原理

　　我們常用的噴霧器，罐子裏已事先充填了加壓的氣體，只要輕輕一壓罐頂的小閥，立刻就有一股液體以霧狀噴出，這是什麼道理呢？

　　在理想情況下，空氣分子就如同圖2-5A所示，連續而整齊地流過機翼表面，我們不妨想像，如同以分列式走過閱兵台前的兵士們，一行行、一列列地所連成的線，我們稱之為流線(Streamlines)。事實上，在貼近機翼(其實包括了所有的物體)的氣流，因有粘性(Viscosity)而表現得稍有不同，幸好只是薄薄的一層，稱為邊界層，容稍後再介紹。在邊

界層以外的氣流，可以忽略這種粘性效應，而特稱為理想氣流(Ideal Flow)，這卻大為簡化了空氣動力學的數學運計算，雖然失去了一些精確性，而要靠風洞實驗來修正。

　　不過，有了快速電腦後，利用數值計算(Numerical Analysis)可解決許多難題。圖2-5B便是電腦算出空氣流過有小凹點的高爾夫球的流線情形，箭頭表示空氣分子流動的方向，一目瞭然。

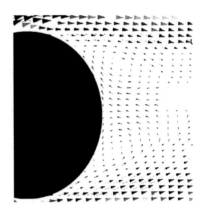

圖2-5A　　　　　　　　　　　　　　　　圖2-5B

　　依據物理學家柏努利(D.Bernoulli)發現：氣體流動時，如果速度增加，壓力便會隨之減小，這就是柏努利原理的精髓。圖2-5C中，管中有個細窄的喉口稱為文氏管(Venturi)，氣體流過文氏管時，通道變小了，勢必增快速度，根據這個柏努利原理，氣體的壓力便降低了。如果在文氏管處，接一個細管通到液體槽中，那麼文氏管所產生的低壓(比大氣壓低)，便會把槽中所儲存的液體吸了出來，而隨著管中的氣流一齊噴出。

　　舊式內燃機所普遍使用的化油器(Carburetor)，便是依據同樣的道理，才能源源供應混合燃氣。參閱圖2-5C，儲油槽中的汽油液面(1)所受的是大氣壓力；當空氣通過文氏管而加速時，處在文氏管中的噴嘴(2)便處於低壓狀態。所以汽油便被文氏管中的低壓吸出(也可以說是：被

儲油槽中的大氣壓力擠壓)而噴了出來，和空氣混合被吸進汽缸燃燒而產生動力。

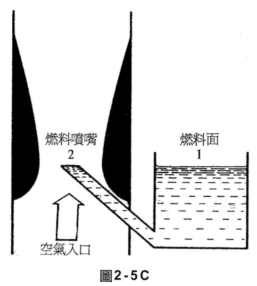

圖2-5C

(4)　可以有效產生升力的機翼剖面

　　萊特兄弟藉著簡陋的風洞，經過了多次的試驗和改進，終於找到了最佳的機翼剖面形狀，可使升力大為增加。這個形狀卻與飛鳥的翅膀(圖2-6)不謀而合，不得不讚歎造物主的神奇！

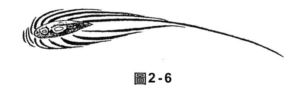

圖2-6

(a)　先介紹有關機翼的基本術語

　　圖2-7表示典型的機翼剖面，翼的前端叫做前緣(Leading edge)，尾尖處叫做後緣(Trailing edge)，兩端之間的直線叫做平均翼弦線(Mean chord line)。

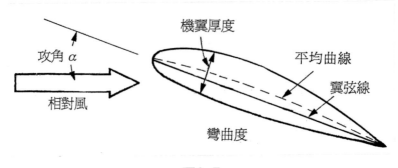

攻角 α

相對風

機翼厚度

平均曲線

翼弦線

彎曲度

圖2-7

　　相對風的方向和翼弦線間的夾角，稱為攻角(Angle of attack)，用 α代表。把上下翼面的對應點用直線相連，並取這些直線的中點，然後把這些中點連接起來，便得到一條如虛線所示的曲線，稱為平均曲線 (Mean camber line)。通常，上下翼面不是對稱的，也就是說，兩者的曲度並不相同，上翼面的曲度較大，所以平均曲線是向下凹進的。但也有例外，像專作特技表演(Aerobatic)的飛機，卻是採用對稱機翼，倒飛順飛都難不倒它。但顧此而失彼，其它的性能便受到些限制了。

　　如今，根據柏努利原理，可以藉著電腦來設計出更高效率的機翼，這豈是當年萊特兄弟所能夢想得到的呢！

(b)　為什麼能產生更大的升力

　　前面提到過，上翼面的曲度比較大，所以空氣分子沿著上翼面所要走的路程也比較長，勢必要流動得更快些才行，根據柏努利原理，氣流的壓力也就變小了，比周遭的大氣壓還低了些，我們習慣稱這個低壓為真空，其實只是部分真空(Partial vacuum)而已，像真空吸塵器一樣，這個「部分真空」所產生的吸力，便把機翼往上吸。

　　至於下翼面呢，卻由於氣流衝擊所造成的反作用力，變得比周遭的大氣壓力還大，這便給了下翼面一個向上的推力。

如此上吸下推的結果，機翼便受到了一股向上的升力，大約有75%的升力是上翼面所受的吸力，下翼面所受的推力只佔25%。

圖2-8是由風洞實驗所測得的壓力分佈情形，上翼面的壓力是負的(小於大氣壓力)，下翼面的壓力是正的(大於大氣壓力)。這些壓力的大小是沿著翼面而變化的，我們稱之為壓力分佈，可以把這些壓力分佈用特別的方法相加起來，而用一個集中的力量L來代表，這便是升力(Lift)。

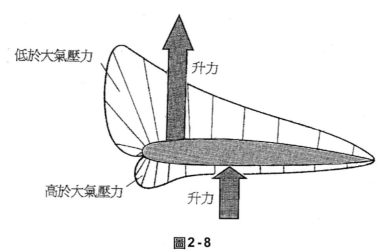

圖2-8

(c)　不同攻角時的壓力分佈

攻角就是機翼的前緣向上仰起的角度，可以說，就是兜風的程度。我們乘坐在行駛中的敞蓬車裏，若把手掌水平地伸出，手指併攏指向前方，慢慢把手掌翹起(就是增加攻角)時，我們會感到手掌受到一股上抬的力量，而且隨著手掌翹起的角度增加而增加；車速增加時，力量也隨之增加。但是，翹起到某個程度時，手背會驟然地被推了下來，升力突然消失了，這個現象便是下面要討論的失速(Stall)現象。

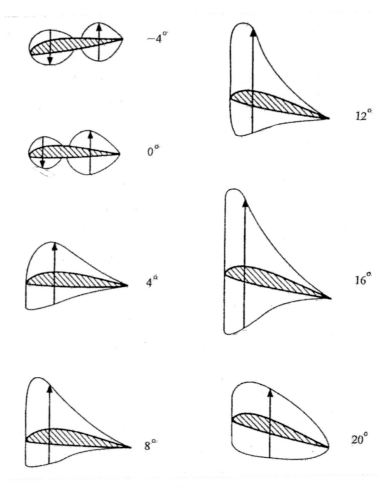

圖2-9

　　圖2-9是風洞實驗的結果，攻角從 －4°起，每增加四度，所測得的壓力分佈狀況，以及升力(如有箭頭的直線所示)的著力點，我們稱這個著力點為壓力中心(Center of Pressure或C.P.)。並且發現：升力從零起而直線增加，這是我們所期盼的，同時發現：壓力中心卻隨攻角的增加而逐漸向前移動，可是，當攻角增加到20度時，升力驟降，壓力中心卻向後退，這就是失速現象，本章第九節便有更進一步的探討。

　　升力驟降固然為我們所不喜歡，壓力向後移的現象更令我們擔心，因為它影響著飛行的穩定性能。

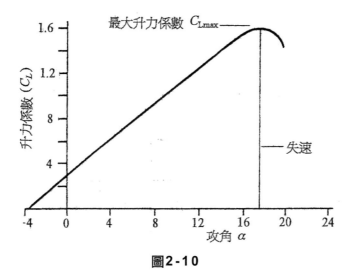

圖2-10

　　圖2-10是總結上圖的結果，而用一條升力曲線來表示。可以看出：升力首先隨著攻角的增加而直線上升，當攻角增加到某一程度(圖中是17.5度)時，升力達到最大值，便開始下降，也就是開始失速了，這時的攻角便稱為失速攻角。

　　看了圖2-11，我們便會對攻角有個具體的概念，圖中的飛機在水平直飛(巡航)時，攻角約為2度到8度之間(第三章第二節便說明了這個理由)，只有在起飛及降落時，才需要相當大的攻角，甚至還要用上其他增加升力的法寶呢！

圖2-11

(d)　係數幫大忙

　　舉例而言，重量是以公斤作為度量的單位，時間則以秒為單位，速率則以公里/每小時為單位，這些附有度量單位，像公斤、秒以及公里每小時的數據則叫做「有因次數據」。當我們只想比較重量、速度等的變化時，喜歡用倍數來表示，倍數就是比數，因此，比數(Ratio)的分子和分母具有相同的度量單位，而可互相約去。所算出的數據便是個純數字，而沒有任何度量單位附著，這個「無因次數」(Dimensionless number)就叫做係數(Coefficient)。

　　討論空氣動力學時，總離不開相對風的動能：$\frac{1}{2}\rho V^2$；其中ρ代表空氣密度，V代表相對風的速度。它其實就是每一立方公尺的相對風所具有的動能，一般用q來代表，又稱為動壓力(Dynamic pressure)，相對於空氣靜止時的壓力，便稱為靜壓力(Static pressure)。

　　空氣動力學所討論的力，稱為空氣動力(Aerodynamic force)，包括升力和阻力等等，都可以拿來和動壓力q作比較，所得的比數就叫空氣動力係數，實際上就是q的倍數。

　　圖2-10便是用升力係數C_L表示，$C_L = 1.4$便表示每單位面積(每平方公分或吋)翼面上的升力，正是q的1.4倍。只要知道了空氣的密度和速度，便可以算出每一平方公分的翼面上所產生的升力，再乘以機翼的全部面積，就是總升力了。

　　其他諸如阻力係數、壓力係數和力矩(Moment)係數都是如此，而且所測得的各種係數，都可以用於各種合理的速度(例如次音速測得的數據，不可用於超音速範圍)。不論速度及密度如何改變，係數卻不改變的，實在太方便了，只要做一次風洞測試，便可涵蓋所有的合理速度，「係數」真是功德無量！

(e)　如何簡化機翼的受力狀況

前面提到過，升力的作用點(也就是壓力中心C.P.)是隨著攻角的增減而前後移動的。例如，在攻角為0度時，壓力中心在距前緣80％的翼弦處；攻角增加到12度時，壓力中心便往前推進到30%翼弦處。這個距離的變化，居然佔了半個翼弦的長度！因此，繞著機翼前緣的力矩M_o也跟著變化，而且變化不小呢！

為了方便起見，不妨假定升力的作用點(壓力中心)是固定的；只認為升力才是隨攻角而變化。這個假想的固定點，便叫做空氣動力中心(Aerodynamic Center, A.C.)，一般約在距前緣的25％處，但因機翼的設計不同而稍有變化。正確的位置，我們可以計算出來的。例如圖2-12所示的實驗結果中，空氣動力中心便在距前緣的21.6％翼弦處。

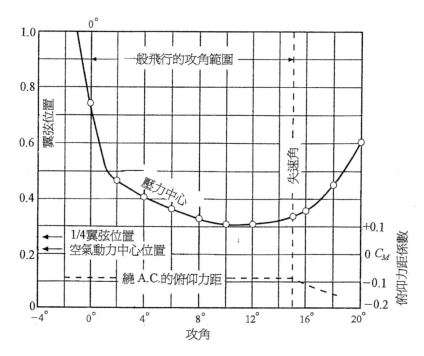

圖2-12

　　因此，經過這番簡化後，除了升力只作用於空氣動力中心A.C.外，還有個順時針方向繞著A.C.的力矩M_o，特稱之為俯仰力矩(Pitching Moment)。升力雖隨攻角而變，俯仰力矩卻是固定的，事實也是如此，攻角增加時，升力雖也增加，但壓力中心距前緣的長度卻減少，因此，升力和距離的乘積(也就是俯仰力矩)，其變化確是很小的，如圖2-12底部的橫虛線所示。所以，空氣動力中心還選得相當近乎事實呢。

　　當然，若將俯仰力矩M_o也用係數C_M表示，便更方便了，從圖2-12對某一特定機翼所做的風洞測試結果中，得知$C_M = -0.09$，前面的負號表示力矩的方向是逆時針的，有令飛機俯首稱臣的趨勢。

　　圖2-13便是依據上述的簡化方法而得的機翼受力情形，一個是隨攻角變化的升力L，另一個是逆時針方向的俯仰力矩M_o，這樣做，便大為簡化俯仰穩定的計算。

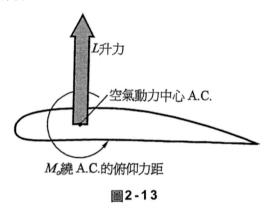

L升力

空氣動力中心 A.C.

M_o繞 A.C.的俯仰力距

圖2-13

(三)　壓力分佈對其他用途的舉例

(1)　建築方面的應用

　　空氣動力學不僅是航空科學的基本理論，其他的用途也不少；例如建築物或橋樑設計，在強風吹襲時，所受到壓力以及其分佈情形，便是

設計時的重要資料。形狀比較複雜的建築物，還得製成模型，再利用風洞去測出其壓力分佈。如圖2-14所示，是某火車站的月台，右邊正停著一列火車，若風從左邊吹來，風速用V代表，屋頂頂面的壓力是負的，那表示壓力比大氣壓力還小，所以是吸力，給屋頂一個向上吸的力量；而屋頂的底面卻受到正壓力，那當然是比大氣壓力來得大，所以，屋頂的每一點都同時受到了上面的吸力，和下面的壓力。

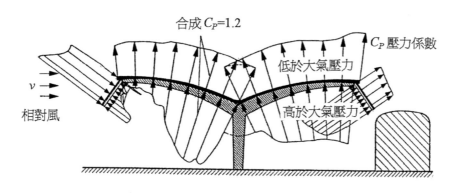

圖2-14

　　圖2-14的壓力分佈是用壓力係數來表示。可以看出：在左邊的亭柱處的屋頂，所受的總壓力為最大，壓力係數C_P高達1.2。

　　壓力係數的定義是：

$$C_P = \frac{P - P_o}{q}$$

q已經在前面介紹過了，稱為動壓力，所測出的壓力係數C_P實在就是q的倍數。P是實際的壓力，P_o是周遭的大氣壓力。從定義可知，風速加倍時，實際的壓力卻增加四倍，那是因為壓力和風速的平方成正比的緣故。

　　當然，如果風向改變，壓力分佈也會改變，便要改變模型的方向而另做風洞測試了。

　　再舉一個例子，圖2-15是一幢房屋面對強風吹襲時，各處所承受到的壓力狀況。可以看出：迎風面的壓力係數為+0.8，正號表示高於大氣壓力，在這兩個圖中的屋頂，C_P都是負數，那表示吸力，猶如機翼的上翼面所受的吸力一樣。所以遇到颱風或龍捲風時，屋頂會被強大的吸力掀起而吹跑。

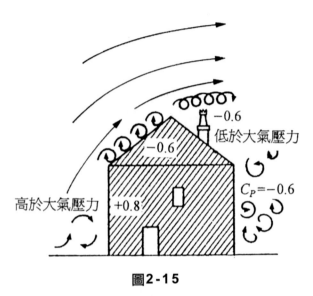

圖2-15

　　圖2-15說明強風吹向一幢房屋時，在屋前、屋頂及屋後的空氣流動情形，並將各面的最大壓力係數寫出，事實上，由於邊界層(Boundary Layer)的緣故，靠近屋頂表面及屋後都有渦流(空氣在伴著旋渦而流動)，這將在本章第九節會加以介紹。

　　加拿大多倫多市，有兩座半弧形大廈，便是經過風洞實驗測試過風壓分佈，曾以研究報告發表過。

(2)　跑車行駛中的壓力分佈

　　汽車快速行駛時，空氣流動時有很高的雷諾數(見後面的第九節)，其特性是：空氣的阻力和車速的平方成正比，而所需的引擎馬力卻和速

度的立方成正比，這可不得了！例如車速加倍時，所需的引擎馬力卻要
增加到八倍之多。所以減少空氣阻力是設計師首要任務之一，尤其是跑
事，更要講究空氣動力學要求的流線型，以求儘量降低阻力。這裏舉一
個保時捷(Porsche)廠出品的名貴跑車為例(圖2-16)，說明它的優美外形
不僅減少了空氣阻力，並且還增加了行駛穩定性。

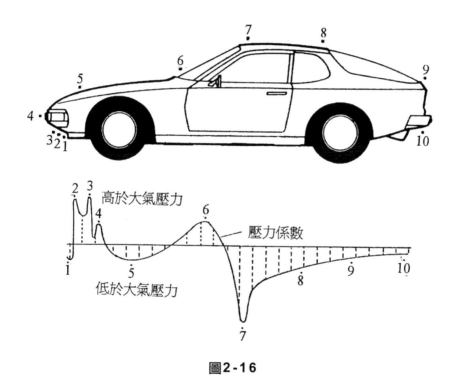

圖2-16

　　圖2-16是這輛跑車模型所作的風洞測試的結果，一共有十個測試
點，下面的壓力曲線表示在各點所測出的壓力係數變化情形。在直線以
上的壓力大於大氣壓；在直線以下的壓力比大氣壓力小。

　　從圖上可以看出：車子作高速行駛時，空氣被擠壓在前端和地面(測
試點2、3及4)之間，使得壓力升高而產生了氣墊作用，給車頭一個升
力。汽車可不需要升力，而要靠輪胎和地面間充分接觸，才能產生足夠

的拖曳力。所以在保險桿下方(3)，加裝了一塊擋泥板(Spoiler)，同時在車頭的位置(5)也設計得相當低，目的是要儘量阻擋空氣流過車底，進而降低這個不受歡迎的升力，於是在時速160公里的高速行駛狀況下，前後輪的升力也只分別是20公斤和48公斤而已。

我們又可以看出後窗部分(8、9)設計得比較高，這樣可以減少車頂的弧度而顯得更加流線型，阻力也因此大為減少，阻力係數(Drag coefficient)僅0.36，在時速90公里時，只需要15匹的引擎馬力而已。

因為後窗比較高，而增加了車子後半部的側面積，當遇到強勁的側向風(Cross wind)吹來時，可以把壓力中心移到汽車重心的後面，而頂住車尾的側面，使得車頭不致被風吹得偏向，因而維持了汽車的側向穩定。

(四)　影響升力的一些因素

(1)　升力和速度的關係

飛機在空氣中作高速飛行時，由於雷諾數很大，升力是和速度的平方成正比的；速度加倍可使升力增加到四倍之多！

(2)　其他的影響因素

(a)　機翼的面積

由升力係數乘以動壓力 q，便可算出每單位翼面上所產生的升力，所以，機翼的面積是和升力成正比的。當然，面積愈大，所能產生的總升力也愈大，但隨著面積大，阻力也跟著增加，經過總體考量，應以恰到好處為宜。例如：波音747-400型的起飛重量是87萬磅，如此之重，所需要的機翼面積達5500平方呎之大，有56000磅之重。再舉一個禿鷹

作例子，牠的平均體重為9.5磅，翅膀面積為3.3平方呎，以比例來說確實不算小，牠飛行時速為28哩；而波音747-400型在三萬五千呎的高空巡航時的時速為570哩。

(b) 空氣密度

空氣的密度ρ愈大，升力也愈大。這個道理很明顯，密度大則表示：抬升飛機的空氣分子多，出力當然也就愈大了。在高原地區起飛時，因為空氣較稀薄，便需要較長的跑道，以達到更大的速度，才可以產生足夠的升力而起飛。飛得愈高，空氣愈稀薄，不僅升力減少，引擎所能產出的馬力也會跟著減少。

(c) 空氣的壓縮性

空氣分子間的距離較大，所以具有彈性，術語叫做壓縮性。所受的壓力變大，空氣分子間便擠得更密；壓力減小，空氣便會擴張。圖2-17表示空氣流過一對稱的翼面，空氣分子所走的路線，我們稱之為流線(Stream line)。

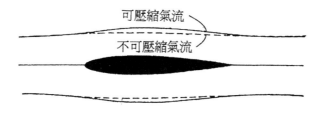

圖2-17

空氣分子流過機翼的最厚處，速度為最快；根據柏努利原理，壓力也降到最低，以致空氣向外膨脹(這就是空氣的壓縮性)，使得流線也隨之向外擴張，我們稱之為可壓縮流線，如圖2-17的實線所示。如果空氣流速較慢，慢到低於音速的一半，那麼這個壓縮效應便微乎其微，其流線則如虛線所示，我們稱它為不可壓縮流線。

可是，當空速接近跨音速時，這種壓縮性效果變得更為顯著，並且複雜。因為震波(Shock)可能會出現，幸好可以用有名的普朗德修正規則(Prandtl Correction Rule)加以修正。

(五) 漫談超音速飛行

以前，許多專家都不相信飛機可以飛得比音速還快，1930年代，Von Karman博士卻堅信，超音速飛行是可行的。直到1947年10月14日，美國Chuck Yaeger上尉駕駛X1火箭試驗飛機，衝破了音障而得到證明。

(1) 介紹一個重要的名詞—馬赫數

這是為紀念一位十九世紀的物理學家Ernst Mach而名，以音速(也就是聲音傳播的速度)的倍數來表示高速飛行的速度，這個倍數便稱為馬赫數(Mach number)，用M代表。然而，音速是隨著空氣的溫度而變的，在溫暖的空氣中，聲音傳播得較快；高度愈高，空氣的溫度愈低，聲音也因而跑得愈慢。攝氏零度時，音速為331.3公尺／秒，也就是每小時1193公里；同溫層的溫度為−60℃，這裏的音速便降為295公尺／秒了。

由於飛機的速度太快，一般都喜歡用音速來作比較。飛行速度小於音速，稱為次音速(Subsonic)，其馬赫數小於1；飛行速度大於音速，則稱為超音速(Supersonic)，馬赫數大於1。例如協和號超音速客機(Concord SST)的馬赫數是2.04，表示飛行速度是音速的2.04倍，依此類推。

(2)　什麼是震波

(a)　看得見的水波

　　投一顆石子到池中，聽到噗通一聲的同時，可以看到石子把水擠開，而掀起一圈圈向外擴張的漣漪，向四面八方傳播出去，雖然這樣的水波傳播速度很慢，但我們可以用肉眼看得見。

　　同樣的道理，船在水中航行時，船頭把水推開，掀起了陣陣水波而向四周傳播出去。若船行速度比水波的傳播速度快，而船頭在航行中連續不斷地向前推擠，連續不斷地掀起水波，便會形成倒V字形的水波，向船的兩邊擴張出去。這是我們時常可以看得見的事實，概念也很清楚，船行對水所造成的擾動也只是侷限在這個倒V字形錐面的內部。

(b)　看不見的震波

　　當飛機在空中飛行時，空氣流過機翼的上下面，因而產生了升力把飛機抬了起來，翼下面的空氣受到飛機重量的擠壓，同時因飛機的前進，又把前方的空氣擠開。於是原本平靜的空氣，受到了大大的擾動，就像有車子開往人群中，而出現的人擠人一樣，空氣分子急忙往兩邊推開來，向四處奔跑。雖然在擁塞的人群中，人無法跑得快，但這種騷動卻會很快地傳播出去，遠處的人群也就開始出現人擠人的現象了。而在空氣中，這種擾動是以音速傳播出去的。

　　如果飛機的速度比音速慢，四面八方的空氣便都會立即受到擾動，只是擾動的強度，因為向四周分散，而迅速減弱了(見圖2-18A)。

　　當飛機的速度接近音速(馬赫數接近1) 時，從圖2-18A的中圖可以看出，被飛機向前推擠的空氣是以音速而躲開的，可是飛機也是以近於音速而向前飛行，於是飛機前方的空氣被擠壓而散不出去，壓力驟升，我們稱之為音障(Sound barrier)。這時飛機所受的阻力大增，要費三倍

以上的推力,才可以衝破音障而達到比音速更快的境地,一陣爆裂聲隨之發生,這就是音爆(Sonic boom)。因為被擠壓的空氣突然得到釋放,而與未被擠壓的空氣猛力相撞,所產生出的雷擊聲。我們可以做個簡單的實驗來製造音爆,只要將皮鞭猛力一抽,空氣被迅速劃開而又迅速復合而互相撞擊時,便發出相同的聲音。

美國X1火箭飛機的試飛員Jaeger便是世界上受到音爆衝擊和聽到音爆的第一人。在這一瞬間,從圖2-18B還可看到幾乎是垂直像碟盤的白色霧汽呢!我們稱之為震波(Shock wave),隨著馬赫數的增加,震波會更向後傾斜而變成圓錐狀,如圖2-18A中的右圖及下面右圖2-18C。

震波並不是每次都能用肉眼便可以看得見的,只有周遭的空氣含有較多的水汽(也就是相對溼度較大)時,震波後的空氣因壓力突增而被壓縮,體積變小了,可是所含的水汽仍是一樣多,於是相對溼度也就隨之突增,如果超過飽和狀態(也就是相對溼度等於100%),多餘的水汽便被排擠出來而凝結成水珠,以霧的形式出現,才會看到這場美景。

衝破音障後,飛機便進入了超音速(M > 1)階段。飛行時,飛機所造成的擾動,因擾動是以音速傳播,所以僅局限在圓錐體內。飛機前端所受的壓力減少了,當然阻力也減少了,但仍然比次音速飛行的阻力來得大,圖2-21便作了很好的說明。

從超音速飛機前端發出的圓錐體,如影隨形地跟著飛機飛行,我們稱這圓錐體的表面為震波(Shock wave)。雖然不能用肉眼看震波,但在風洞實驗中,採用Schlieren照相術,藉著光線的折射率隨空氣密度變化的原理,是可以看出由震波所引起的密度變化,震波便無所遁形了。照相所得的震波便如圖2-18C所示的V形線相似。

圓錐體(震波)外面的空氣,根本不知道有架飛機正在飛過,仍然平靜如往而絲毫不受影響,保持著大氣壓力,只有圓錐體內的空氣才會升高壓力。

　　這種因震波而另外產生的阻力叫做波動阻力(Wave drag)，所以超音速飛行要消耗更多的燃料。例如前文所提到的協和號客機，每小時便要燒去二十噸的燃料，是波音747-400型大客機的兩倍，雖然速度也快兩倍，可是波音機的載客及行李量卻是協和機的三、四倍之多，比較起來，超音速航運是很不經濟的。

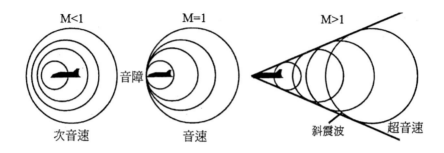

圖2-18A

圖2-18B

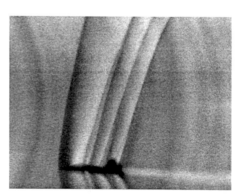

圖2-18C

　　此外，機首和機尾都會產生震波(如圖2-19所示)，首尾兩個震波之間的空氣壓力呈N字形的變化，傳到地面時，強度雖已衰減，從圖中可以看見，前半部高於大氣壓，而後半部卻低於大氣壓。所以當這兩個震波到達地面時帶來的是：除了兩響爆炸聲外，先來個壓力，緊接著再來個吸力，使得地面上的建築物因此受損。這當然是音爆，如何減少其強度，曾是70年代的熱門研究課題。

　　所以，像協和號的大型超音速客機，只准在大西洋上到達一定的高度後，才得以啟動後燃器(After burner)以產生額外的推力加速，藉此達到超音速飛行。

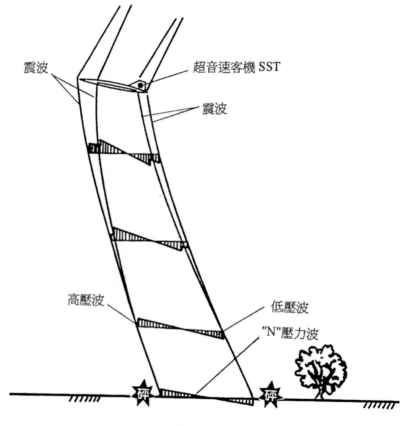

圖2-19

(3)　先談談跨音速飛行

　　從次音速達到超音速的飛行時，必須經過音速階段，這在音速附近 (M = 0.75到M = 1.2之間)的空氣動力學，其數學處理相當艱難，風洞也要特別設計，以免氣流的阻塞。因而這個階段速度的空氣流動，特稱之為跨音速氣流(Transonic flow)。

(a)　講幾個故事

　　二次大戰期間，美國空軍有些藝高膽大的青年飛行員，駕著P-45戰機，爬升到一萬三千公尺的高空，並且把空速提升到每小時超過640公里。然後便俯衝而下，這時，空速竟高達965公里，並且發現機翼抖動得厲害，即使用了最大的力氣，也無法扳起操縱桿，多次造成了失事的不幸事件。

　　有一回，一位美國飛行員，駕著P-51野馬式戰機，當他俯衝而下時，看到有一道震波(那時還沒有這個名詞呢)掠過翼面。可是沒有人相信他的說詞，幸好他再如法泡製時，用照相機把這個現象拍攝下來了。

　　前面說過，震波是用肉眼看不見的。那天的空氣可能潮濕，上翼面的高速氣流，因壓力驟降而冷凝成霧，當氣流在上翼面某處達到音速而產生震波時，壓力驟增，水汽全被蒸發了，而形成一道分界線。眼尖的他，便看到了此景。

　　於是，空氣動力學家們，想用風洞來查出原因，可是當機翼上出現震波時，風洞中的氣流竟被阻塞而無法運作。

　　英國空軍還選了六位優秀的試飛員，進行實驗，可惜卻有四位為研究這個問題而獻出了寶貴的生命，值得人們悼念。

(b)　這是什麼原因呢

　　前面提到過，當空氣流動的速率大於音速的一半(M > 0.5)時，它的壓縮性變得更加顯著而不容忽視了，圖2.17便表示這種現象，流線向外膨脹。

　　見下圖最上面的機翼，氣流沿翼面運動時，速度會增加，當飛速快到某個程度 (例如對這個例中的特定機翼而言，M=0.72) 時，在翼面最厚點的空氣流速正好增加到了音速，這時飛行的馬赫數便稱為" 臨界馬赫數(Critical Mach Number)" 。在這這以前，一切正常，不會有怪現象發生。

　　當飛機增速到例如M=0.77時，如中圖所示，加速中的氣流在機翼上最厚點之前的某點，便達到了音速，然後隨機翼厚度的增加而成超音區，如陰影區所示，到機翼最厚點以後，翼面便開始減薄，超音速氣流勢必要慢下來不可，在某點變成次音速氣流。只有正震波。才可以將超音速氣流轉變成次音速，這是高速空氣動力學(也就是氣體動力學)的特性。可是，正震波的氣流慢了下來後，壓力會突然增加，使得貼近翼面的次音速氣流受到邊界層的影響而造成分離現象，產生亂流(見本章第9節)，亂流的壓力是不會穩定的，上翼面因正震波後的壓力驟升而升力驟降，且不穩定，飛機便不停地抖動！這便是上面所敘述故事的禍首。

　　飛速更快時，連下翼面也產生了正震波，如圖2-20A所示，情?也就會變得更為複雜而嚴重，若升力降到抬不動飛機的程度而失事，術語便叫作失速！

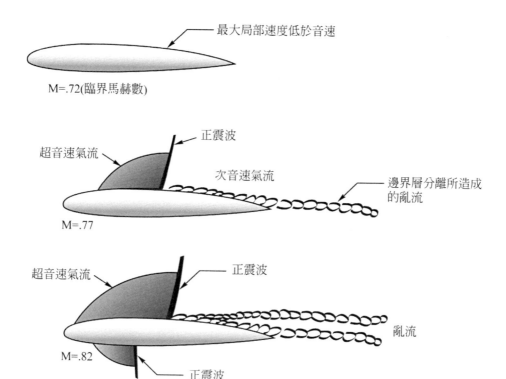

最大局部速度低於音速

M=.72(臨界馬赫數)

超音速氣流　正震波　次音速氣流　邊界層分離所造成的亂流

M=.77

超音速氣流　正震波　亂流

M=.82　正震波

圖2-20A

　　傳統的水平尾翼，是靠襟翼來控制飛機的升降。可是，在上述的事件中，震波後會產生亂流，亂流中的壓力很不穩定，使得襟翼(機翼後的活動部分，見本章第八節)受到不穩定的壓力而不停地上下激烈擺動，機翼當然也猛烈振動了。

　　此外，由於震波後面的壓力突增，壓力中心C.P.也從灰箭頭所示的位置後移到黑箭頭所示的位置，機翼因而受到很強的反時針方向力矩，迫使原本就是俯衝狀態的機首更加向下傾斜，因為力矩太大，操縱桿好像被鎖住了似的扳不動，無法使機首抬升，終致發生不幸事件，見圖2-20B下圖。

　　有時當飛機高速俯衝而下，空氣阻力也會隨空氣密度的增加而增加，使得飛機下衝的速度減低了，同時音速也因空氣溫度的增加而增加，馬赫數隨之下降，震波也隨之消失了。於是飛行員又可以扳動操縱桿而爬升，逃過震波帶來的劫難，曾經擊落28架德機的英雄Robert Johnson，便是幸運兒之一。

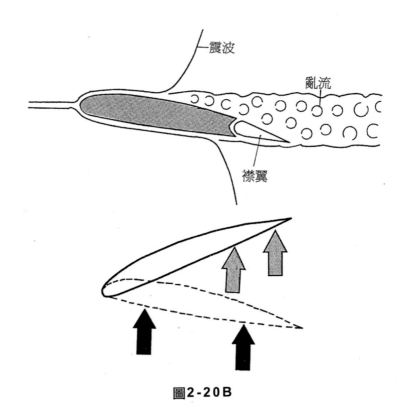

圖2-20B

　　原來的升降舵面積小，所產生的空氣動力遠不足以把機首扳回來，吸取了這些慘痛的經驗，專家們作了很重要的改進，把水平控制面和升降舵製成一體，稱之為平板控制面(Slab control surface)。控制飛機的升降時，只要改變平板控制面的攻角，便可產生足夠的空氣動力，以抵消上述壓力中心後移所造成的惡果，使機首不致被迫下沈，此後，所有

戰機及超音速飛機的尾翼都採用這樣的設計，見下圖。

圖2-20C

(c)　減少跨音速飛行阻力的妙法之一

　　要分析跨音速氣流，需用的數學相當艱深，即使作實驗也要用特別設計的風洞來進行，可是目前民航客機的飛行速度大多屬於跨音速範圍(馬赫數約為0.85)。

　　跳水選手卻不謀而合的懂得運用「面積規則」，當他(她)們從高台上一躍而下時，在入水前的瞬間，將雙手和雙腳併攏，手指和腳掌也挺直，姿勢優美極了！平順地鑽入水中，只留下了一些漣漪而已。不諳此理而跳水，不止激起相當大的浪花，身體還可能受到傷害呢！一團死水跟著他，游起來一定費勁。

　　前面談到過：流線型物體在流體中前進時，因為它的截面積是平順變化的(漸漸地先由小變大，然後由大變小)，所以流體也就會很平順地向四邊讓出，而由這流線型物體平順地通過。不僅如此，只要截面積的變化是平順的，流體倒不在乎截面積的形狀是否保持一致，因為所讓出的流體量並沒有改變，所以流線體在流體中運動時，所受到的阻力仍然

相同。

　　現在,讓我們來看看飛機的截面積是如何變化的。機身固然是像魚身般的流線型,可是加上機翼後,飛機的總截面積在機翼處便會突然增加,總截面積因而會變得不平順了,這當然會增加飛行阻力。這種現象在飛行速度低於馬赫數為0.5時,是可以略而不計,但在高速、尤其是跨音速飛行階段是不容忽視的,從圖2-21可知,這種波動阻力卻顯著地增加。

　　50年代,美國航空總署NACA(即NASA的前身)的科學家Whitcomb博士發現了一個妙方,可以減少跨音速飛行的波動阻力,這便是有名的「面積規則」(Area rule)。他認為:如果把機翼範圍內的機身,按著機翼截面積的大小來減肥(見圖2-21中所示,下面那架飛機的機身便束了腰),目的是使飛機的總截面積能平順變化。從圖中得知,這束了腰身的飛機比起上面那架未減肥前的飛機,在跨音速階段的波動阻力的確減少很多如黑色面積部分所示。

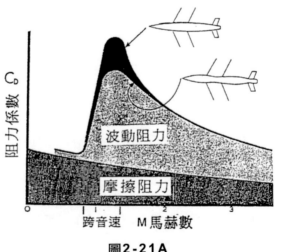

圖2-21A

　　美國康維爾Convair飛機公司便依據面積規則,將F102型戰機重新設計,把機翼部分的機身束了腰,空速居然增加了20%之多。可以很快

地衝破音障而達到超音速，飛行員暱稱之為「可樂瓶兒」(Coke bottle)，因為舊式的可樂玻璃瓶也有著較纖細的腰。

此外，波音747-400型大客機的巡航馬赫數為0.84，屬於跨音速範圍。它有個大腦殼般的機頭，這也是面積規則的應用，因為客機機艙是不宜收縮的，若把機翼以前的機頭部份加大截面積，效果也是一樣。整個飛機的截面積，從頭到尾平順地變化著，波動阻力因而減少了。

德國D.Kuechemann博士曾發明一種減阻力裝置，名為反震波體(Anti-Shock Body)，位於機翼後沿，與襟翼相連。當飛機起飛或降落時，機師操作一有馬達、齒輪及連桿等的連動裝置，將襟翼伸出或收回，這種連動裝置便被包裝在像獨木舟狀的封閉容器裏，在機翼下面後沿便可看到，非常醒目。

(4)　後掠機翼

當老鷹尋到獵物時，便立刻發動閃電攻擊。為了減少阻力以增加速度，於是把張開的雙翼收回一部分。如此俯衝而下，被牠盯牢的小兔小鼠，是難逃魔爪了。高速飛機也如法泡製而把機翼後折，我們稱之為後掠翼(Swept back wing)見圖2-23A，就機翼設計而言，已相當常見，超音速飛機甚至採用三角翼，只是所見不多而已，下面分別來作介紹。

(a)　後掠翼是減少阻力的第二個妙法

飛機飛行時，是靠推進系統供應能源的，可是若飛行速度之快，快到能將空氣擠壓成震波時，當然要消耗能源，用於推進的能量自然減少，這便相當於阻力，我們稱為波動阻力 (Wave drag)。

事實上，氣流流過機翼時，只有垂直於機翼前沿的分量才決定升力和阻力。讓我們先看圖2-23A，如果相對風的馬赫數是0.8，這已經高於一般的臨界馬赫數了。若機翼不向後折，那麼，在翼面上就有震波出

現，因而增加了所謂的波動阻力。但機翼若作30°的後掠，雖然馬赫數是0.8之高，但在垂直於機翼前緣的分量馬赫數卻只是(0.8cos30°= 0.69)而已，低於臨界馬赫數，此設計避免了震波和波動阻力的出現。

　　有實驗証明：同樣的兩架機翼，前者為直翼，後者為30度後掠角翼，而後掠角翼，竟將升力係數由0.205增至0.2533；阻力係數也由0.3606降為0.03909；代表機翼品質的L/D，由0.6844增至6.4799。後掠角使機翼的性能增加了14%之多！加上了這些流線形的容器，能夠使得飛機從頭到尾的截面積變化得更加均勻，這也符合了「面積規則」的理論。例如A-380巨無霸（圖2-21B）可減少波動阻力達20％之多，而且飛行速度可達M=0.85。

　　有了這些法寶，我們才可乘坐既快速又舒適的客機，去遙遠的地方旅遊，何其幸運。

圖2-21B

　　有些超音速戰機的機翼，在飛行中，還可以改變它的後掠角，以適應各種速度的飛行。

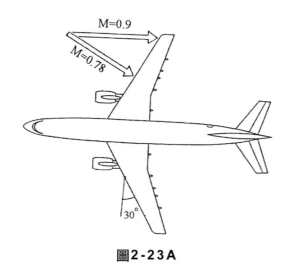

圖2-23A

　　後掠翼(見圖2-23A)的理論是德國一位空氣動力學前驅A.Betz博士所創，經風洞實驗証實，可使飛機飛得更快，世界第一架噴射機Me-262便採用了後掠翼的設計。在20,000呎的高空，時速高達540 mph，是當時最快的飛機。

(b)　進而發展了三角翼

　　如今，超音速飛機多採用了後掠翼及三角翼，而且當飛機的空速的馬赫數大於2時，後掠角至少都大於60°，有讀者一定會問：「為什麼」呢？

　　原來，飛機作超音速飛行時，在機首前端會產生像圓錐體般的震波(參祥圖2-18)。只有震波以後的氣流，才變成了次音速，而可享受Betz理論的好處。

　　馬赫數增加時，機前震波的角度變小，為了不使機翼伸出震波以外，而產生另外的震波，又增加更多的波動阻力，所以M＞2時，後掠

角便要大於60度，使從機鼻產生的圓錐狀震波，將整架飛機籠罩在內。

可是，後掠角加大，機翼面積便相對減少了。而升力是和機翼面積成正比的，升力也因而減少了，如果升力少到比飛機的重量還輕時，飛機便飛不起來了，該如何補救呢？

如圖2-23B，若將後掠翼的兩邊翼尖連起來，如虛線所示，而補上機翼，不是增加了機翼的面積嗎？便於是三角翼(Delta wing)了。

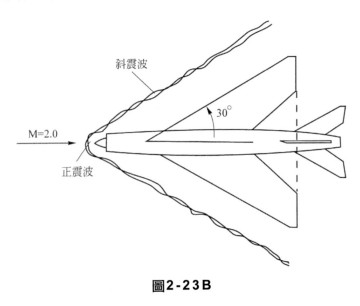

斜震波

30°

M=2.0

正震波

圖2-23B

(5)　超音速機翼

(a)　次音速機翼不適用於超音速飛行

次音速機翼的前緣是弧形狀，若用於超音速飛行，在弧形部的正前方，會產生局部的正震波，因為波面直立，在波面和前緣之間，存有小部分的次音速區(陰影所示)，氣壓大為增高，好比一隻攔路虎擋在前面，需要很大的推力才能飛行，造成了極大的波動阻力。正震波之後，強度才漸衰減(見圖2-24A)。

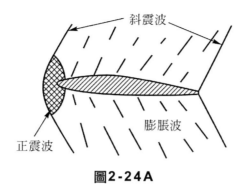

圖2-24A

為了消除正震波，超音速機翼的前緣都是呈尖銳狀的，同時也要做得儘量的薄，這樣才可以大量減少波動阻力。起飛或降落時，是以次音速飛行，尖銳的前緣會造成邊界層的分離，覆蓋著整個翼面，而造成阻力大增。幸前有翼條、後有襟翼以增大機翼面積，甚至設法製造渦流升力來輔助 (見圖2-64及2-66)，才避免了升力大降所造成的失速危險！

(b)　斜震波和膨脹波的形成

目前，超音速機翼的剖面，採用雙楔形 (double wedges)，例如美國製的F-117隱形機；還有雙凸面形 (bi-convex)，例如法國製的幻象機，從圖2-24B可以看出：機翼是多麼薄啊！

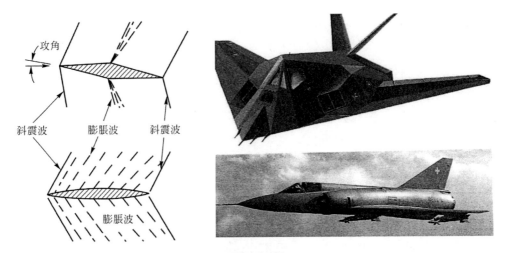

圖2-24B

　　見圖2-24C，為了容易說明起見，讓我們用o、a、b、c代表超音速氣流中1區的四條流線。若貼近表面的流線o突然遇到向上折轉的斜坡。正如我們在平路上跑，突遇上坡時，因費力而跑得慢些。氣流因上坡費力，也會慢了下來。根據柏努利原理(見本章第二節第三段)，壓力因而升高。這時最先得到這個情報的流線o，不敢怠慢，即刻將此信息散佈出去，可是信息只是以音速傳遞，而氣流卻比音速還快，於是流線a跑過了頭才得到通知(參照圖2-18)，但來不及了，和前面慢了下來的氣流擠壓在一起。更遠的流線b及c也更晚得到信息，於是跑得更加過頭才知道該轉向，當然也是和前面慢了下來的氣流發生碰撞擠壓。如此類推，把o、a、b、c、....各流線得到信息而和前面的氣流發生擠壓的各點連接起來，這便是斜震波了。

　　斜震波的傾斜度和氣流的馬赫數M有關，M越大，氣體分子跑得越快，離流線o越遠的流線，便越晚才能得到要轉向並同時慢下來的信息，於是震波的波面便越傾斜。然而，斜震波的強度和氣流遇到的上坡度有關，坡愈陡，震波便愈強。

　　氣流在4及5區下坡的方向相反，必須在後緣產生一對斜震波，使這兩股氣流在6區歸於平行而安靜，真是"船過水無痕"嗎？邊界層所造成的亂流、翼端所產生的渦流，都是飛機飛過後所留下的痕跡，正在慢慢地消逝呢！

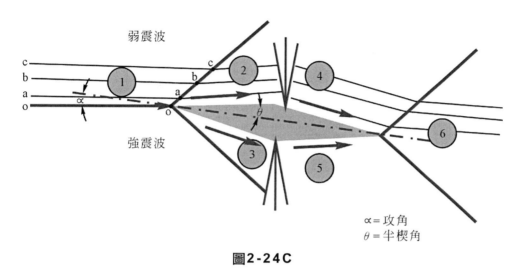

圖2-24C

(c)　超音速機翼如何產生升力

　　若雙楔形機翼是對稱的，半楔角為θ，當攻角為零時，那麼上、下翼面(即2及3區；4及5區)的上、下坡度完全相同，可以想見，造成的壓力也相同，當然不會有升力產生。

　　若把機翼的前端翹起α度，這便是攻角，那麼下翼面(3區)的上坡度便比上翼面的上坡度更陡了(應以氣流觀點來看)當然下翼面的震波強度比上翼面的強，也就是下翼面(3區)的壓力高於上翼面(2區)的。因為有了攻角的原故，4區的下坡度變得更急，經過一串的膨脹波加速後，氣流流得比5區還快，所以4區的壓力就比5區的低。

　　綜合結果是：整個上翼面的空氣流得更快，壓力也就更低；而整個下翼面的空氣流得更慢，所以壓力更大，兩者之差便是超音速機翼所產生的升力。

(六)　翼膀兩端有渦流伴隨

(1)　升力會受到翼膀長度的影響

　　前面說過，下翼面的壓力比上翼面的大很多，這才是升力的來源。正因為上下翼面有這種壓力差的存在，所以在機翼的兩端，下翼面的空氣便往上翼面流，而產生了渦流(Vortex)，加上相對流的速度，於是就像麻花捲似的(圖2-25A)，從翼端起而伴隨著飛行。為了容易理解起見，圖中只畫了幾條渦流的流線作為代表。

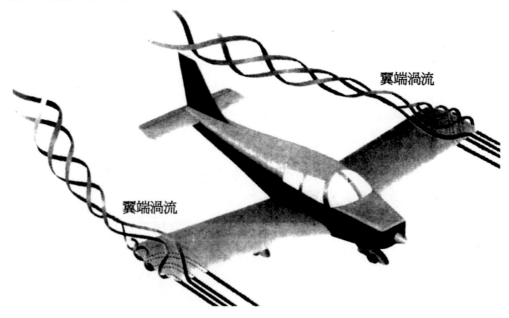

圖2-25A

其實，渦流的流線真是千絲萬縷，無法計數。圖2-25B是由風洞測得的實際翼端渦流的情形，加了顯色劑，渦流便顯示出來了，就像飛機拖著兩條迷你尺寸的龍捲風，從圖中還可以看到一邊一個風眼呢！

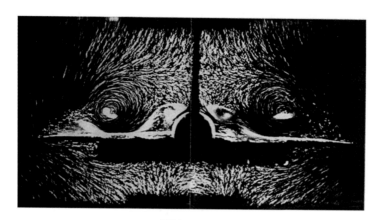

圖2-25B

我們知道龍捲風能造成低氣壓，使空氣中所含的水蒸汽凝結成雲霧，隨著渦流起舞。若氣象作美，還可看到如圖2-26A所示的美麗景象呢！

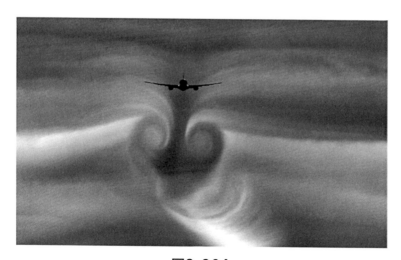

圖2-26A

圖2-26B

　　翼端渦流的強度是和飛機的重量成正比的，尤其是在起飛或降落時，這種效應更為顯著。大飛機所產生的渦流，其切線速度竟會大到每秒75公尺(時速260公里)，實在不容忽視！圖2-26B表示一架小戰機降落時所引起的渦流的實景，特別將空氣染色，可以看出渦流比飛機本身大了多少倍，而體會到它的厲害！這渦流其實就是一股兇猛的龍捲風。如果換成一架波音747，那更可怕了，在網絡上還可看到實拍的情景，一輛汽車波音747在行駛後方，結果被渦流吹得翻來覆去，慘不忍睹！

　　所以降落或起飛時強勁的渦流，使得在大飛機後面的小型飛機吃不消，即使是大型飛機也不可跟得太近，例如在2001年11月的一天，某航空公司一架空客(Air Bus)A300型客機，起飛時與前面的飛機相距太近(至少要相隔5哩)，強勁的渦流逼得該機偏轉，機師當然使用方向舵脫困，由於此型機的方向舵控制系統太靈敏，機師又趕緊反方向修正，如此經過五次的激烈使用，在470 mph的高速衝刺下，巨大的空氣動力居然把固定尾翼的螺栓給扯斷了，尾翼因而脫落！才起跑106秒鐘便發生大型空難，實在令人惋惜。

　　所有的飛機，不論大小，都有這種現象，從飛機起飛開始，這一對渦流就拖在翼端的後面，直到降落後才消失。除非機翼真的很長很長，無限大的那樣長，才不會有此翼端渦流的現象。機翼愈短，這種效應便愈大。

　　長機翼看起來顯得纖細，其機翼必是又窄又長，我們用展弦比(Aspect ratio)來表示這個纖細的程度，它的定義是：

$$展弦比(用\Gamma代表) = \frac{(2b)^2}{A}$$

式中的(2b)稱為翼展(Span)，指翼尖到翼尖的距離；A代表機翼的全部面積。從公式可以看出，分子(2b)有平方的效果，所以它的影響力比分母來得大，也就是說展弦比大的飛機，其機翼必是又窄又長而顯得纖細。

　　由於下翼面的空氣壓力比上翼面的大，才會有升力產生，可是在翼端附近，下翼面的空氣竟然因壓力較高而繞著翼端往上流，造成了渦流，而將上下翼面的壓力互相抵消的現象。翼端附近的升力不就減少了嗎？這當然算是一種損失。事實上，這兩道從翼端發出的渦流，既減少了升力，還鼓動了大量的空氣不住地旋轉，消耗了不少的能量。否則引擎還可以產生更大的推力呢，所以我們把這種損失看成是一種抵抗推力的阻力。

(2)　高展弦比的機翼可以飛得更省力

　　所有那些能作長程飛行，耐航力很強的鳥類，例如信天翁(Albatross)，牠的展弦比便高達18(見圖2-27)，所以能在穩定的海風中滑翔得很遠。

圖2-27

　　還有，滑翔機的翼膀也是又細又長，有高達23的展弦比，才可以保持很小的滑翔角(參看第五章第五節)，飛得很遠。德國曾經使用過滑翔機，無聲無息地越過了堅固的馬奇諾防線(Maginot Line)。

　　冷戰時期所使用過的U2偵察機，能飛到三萬公尺之高空，以700公里的時速進行偵察任務，其翼展(2b)為34.3公尺，可是機身卻只有20公尺長，展弦比約為10.2，因此可以以很小的滑翔角作滑翔飛行，不需燃料便可飛很遠的距離。(見圖2-28)

圖2-28

(3) 雁群為什麼排成人字形而飛行

秋去冬來之際，我們常可見到雁兒成群南飛，不是排成人字形，便是排成斜一字形(圖2-29)，同時還嘎嘎地叫，前後呼應，甚是壯觀，為什麼牠們只採用這些隊形作長途飛行呢？

圖2-29

原來，飛在最前面的領隊雁，不僅能識路，而且最是身強體壯，體重也是最大，牠的雙翼兩端所激起的翼端渦流，在左(及右)後方，正是一股上升的氣流。緊跟在左(及右)後方的雁兒們，正好飛在這股上升的氣流中，而能得到一些升力的幫助，可以在飛行時省些力氣！雁兒們於是依著體重大小而排列在領隊雁的左(或右)方，幼雁們飛在最後，最是省力。於是便形成了這種飛行的隊形，也真叫人佩服，牠們居然懂得活用空氣動力學。

科學家也向雁兒學習，美國NASA-Dryden在2001年6月27日做了一個實驗：在25000呎的高空，將一架F/A18戰機飛在一架DC8飛機的側後方，相距200呎，利用DC8的翼端渦流，居然讓這架戰機節省了

29% 的燃料！

　　翼端渦流，既能為禍，但也可造福呢！

(4)　翼端的小翼片

　　我們常可看到，有一些大鳥展翅時，在翼端有幾片長羽毛張開著，煞是好看(見圖2-30A)！它有什麼作用呢？

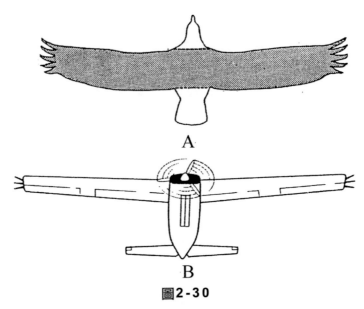

A

B

圖2-30

　　原來這些大鳥的翅膀，所產生的翼端渦流，因為他們不成群結隊飛行而無法被加利用，只是隨風而逝，這實在是一種浪費！然而上帝卻給了牠們一種本能，化浪費為有用的升力和推力。細看那些長在翼端的幾根長羽毛，是以各種不同的角度而展開的，這是為了能順應著渦流流線的角度，而配以的最佳攻角，又可以產生格外的升力。

　　空氣動力學家因此而得到了靈感，也在飛機的翼端加裝了三至四個小翼片(Tip sail)，或上翹、或下垂，攻角角度也各不相同，全看這些螺旋狀渦流線的方向而定(圖2-30b)。為了容易解說清楚起見，試只以一

條渦流流線a和一個小翼片b為例(見圖2-31)：當流線a以最佳的攻角流過小翼b時，妙就妙在小翼片所產生的空氣動力f是稍稍向前傾斜的，於是除了垂直於飛行方向的升力分量l外，還有一個向前的推力分量t，這真是意外的收獲。

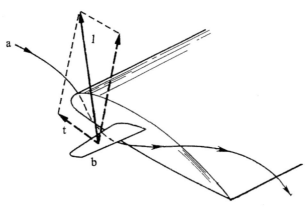

圖**2-31**

　　既然有了這樣好的結果，為什麼不見普遍地應用呢？原來這個額外的空氣動力加在翼端，增加了機翼根部(就是與機身結合處)所受的彎矩(Bending moment)，使得支持機翼的翼樑(Spar)需要再強化，因而增加了額外的結構重量，算來算去，實在是得不償失，不如增加展弦比，以減少翼端渦流的損失，還來得划算。

(5)　材料科學的進步，使上述觀念敗部復活

(a)　Voyager號飛機所創的紀錄

　　由於材料科學的驚人進步，1986年美國飛國設計師魯坦(B.Rutan)費時兩年，採用新式的複合材料(Graphite composite)製成了這架只有1218公斤的超輕型飛機，取名為旅行家(Voyager)號(圖2-32)。機翼又細又長，一看便知道它有很高的展弦比。所以在機身的兩側，除了加裝

了兩個桁架外，並與兩只小時翼相連，以加強機體的結構。為了減少翼端渦流的損失，又在翼端各加裝了一個直立的小翼(Winglet)。這樣做，既增加了升力，又減少了阻力。

　　為了能達到環繞地球一週不著陸飛行的目的，兩個桁架和機翼都裝滿了重達4091公斤的汽油。

　　於是，這架36.7公尺長又滿載汽油的機翼，翼端不勝負荷之累而下垂達3.3公尺之多。起飛時，還得需人托住翼端，跟著在跑道上奔跑，以免機翼碰地而受損，直到機翼受到升力而抬了起來為止。

　　1986年12月14日，由魯坦(D.Rutan)和耶格(J.Yaeger)倆人駕駛，擠在狹小的座位裏，經過了九天的艱辛飛行，創下了一萬五千餘公里繞地球一周而不著陸的偉大紀錄，當12月23日完成壯舉凱旋歸來時，油箱裏只剩下幾加侖的汽油而已，真叫人替他們捏一把冷汗。當時五萬人熱烈歡迎的感人場面，相信有些讀者還留有深刻的印象。

圖2-32

(b)　大型飛機也加裝了小翼

　　自從研製出了質輕又強韌的金屬和複合材料(CFRP)，於是航空工業界又興起了對翼端渦流加以利用的念頭。也在翼端各裝上了一片豎立著的小翼，以提升機翼的效率。例如波音747-400型飛機便在翼端裝有2公尺高，斜斜豎立的一對小翼(圖2-33)。其所減少的阻力，居然可以使航程增加3％之多！還有許多大大小小的飛機也都裝有這種裝置，因為它的好處實在不小啊！

小翼

圖2-33

(七)　機翼理論的其他應用舉例

　　空氣動力學的機翼理論不僅是航空科學的根本，其他也有許多方面的應用，下面便舉幾個例子來說明。

(1)　水翼船

　　飛機、飛鳥和飛蟲之所以能夠飛行，都是根據柏努利理而產生的升力的。水翼船底部所裝置的水翼(Hydrofoil)，形狀和機翼相同(見圖2-34)，在水(和空氣一樣，都屬於流體)中運動時，只要攻角適宜，當然也會產出升力。

　　早在1898年，意大利人Forlanini就發明了水翼船，那個時侯當然用的不是像機翼般的水翼，效率雖低，時速居然可達80公里；第二次世界大戰時，德國製成了80噸重的水翼船，時速更高達110公里；1970年以後，才推廣到商業應用，噸位也增加到500噸。作者遊長江三峽時，便看到行駛於武漢和重慶之間的水翼船，的確是在水面上疾行如飛。

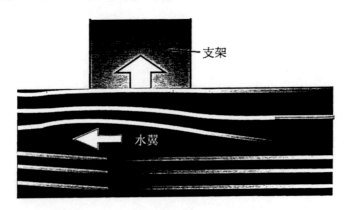

一支架

水翼

圖2-34

　　水翼船的船底裝有至少四片像機翼般的水翼，船在水面上行駛時，水翼的攻角和船速都由電腦控制，使水翼所產生的升力，能把船抬了起

來，完全離開水面，這時螺旋槳也跟著船體的抬高而離開了水面，不能發揮作用。於是便由船尾噴出高速水注，就像噴射機一樣，靠反作用力而得到推力，水翼船才能在水面上快速航行，因為空氣的阻力比起水來，是小得多了。

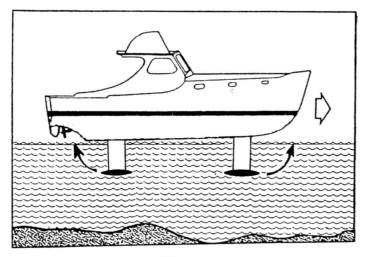

圖2-35

可是，在淺水河道中航行時，水翼不但無能為力，而且妨礙航行，所以這時便把水翼向上折回抬起，免得被河底撞壞；於是水翼船又變成了一艘普通船，靠螺旋槳推動，實在是很方便。

(2)　競賽車上所裝置的壓力板

我們看到賽車(Racing car)的前後都裝有像機翼一樣的條板(圖2-36)，只是倒置罷了，所產生的空氣動力也是朝下的，目的是產生壓力。其壓力居然可達車本身重量的三倍，把四個車輪緊緊地壓在地上，以增加抓地力(Traction)，使賽車在疾駛及轉彎時不致打滑，所以我們稱這條板為壓力板。

　　當然，天下沒有白吃的午餐，壓力板也會帶來阻力。只要所取的攻角適宜，使得升力／阻力(L/D)的比值為最大(參閱第三章第二節)，也還可以吃到既經濟而且營養豐富的午餐哩！美國加州聖克里門便有一座專測競賽車用的風洞。

　　其實，不僅賽車是如此，比較名貴的跑車(Sport car)，後面也有這麼一塊壓力板，目的也只是增強車輪的抓地力。

　　比較大眾化的跑車，雖然沒有特別裝置壓力板，但把行李箱蓋(Trunk lid)的後緣，做得特別隆起少許，空氣流過時，也會產生壓力，道理是相同的。

圖2-36

(3)　捉摸不定的變化球

　　喜歡玩棒球的朋友，尤其是投手，便深諳變化球的竅門。其實這也是靠空氣動力學而使出的招術。

　　為了容易瞭解起見，讓我們先根據圖2-37中A、B、C看分解動作。

①　當球被擲出而急速向右(順時針方向)旋轉時，由於空氣的黏性作用(雖然很小)，使得緊貼著球面的空氣也跟著急速旋轉(這就是本章第九節要介紹的邊界層效應)。

② 球既被投手強力擲出，而快速(時速可達150公里)地向「右」直線前進時，根據第二節所述的相對運動的道理，相對風也以相同的快速向「左」均勻地繞球面而過。注意：假設球并不旋轉而僅直線前進，那末，繞過上下球面的流線是完全對稱的。

③ 現在我們把上述的兩個分解動作相加起來，也就是說：當球被擲出後，不僅高速右轉，同時也在向右作快速直線前進，這樣一來，奇妙的事情發生了：繞過上下球面的流線不再是對稱的。流過上半球的空氣，會因兩者的方向不同而互相抵消了一部分，也就是說速度減小了，於是根據柏努利原理：壓力變大了。可是流過下半球的空氣卻因方向相同而相生，速度增加了，於是壓力便變小了。結果這枚球在運動的過程中，便受到了一個向下推的力量。

這樣一來，球的軌道便會在向右快速前進的同時，也往下方偏移，而變成彎曲的軌道了。

投手們都深諳這個妙訣，頗能運用自如地用腕力控制著球的旋轉方向和速度；也用臂力使勁將球快速拋出，非常犀利。看似直衝而來，可是在半路上卻悄悄地轉彎了。千變萬化，一會內彎，一會下墜，讓打擊手猜不著球路。

其實，現今網球的高手，也常使出「壓球 (Drot shot)」這一招，以球拍令球急速旋轉，使球一過網便急速落地，叫對方不好應付。

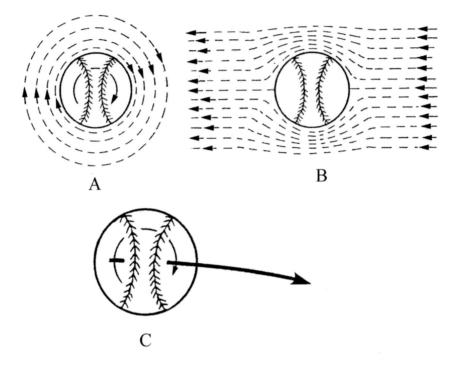

A　　　　B

C

圖2-37

(4)　帆船竟可逆風而進

　　帆船雖然不能頂風直上，但卻可藉著空氣動力學的原理，採取迂迴策略而作Z字形曲折前進，也可以逆風而進。

　　當帆船的風帆升張起來後，便會飽納風勢而形成如圖2-40的凸面形狀，參看圖2-7，它的剖面不是和機翼的上翼面一樣嗎？超輕型小飛機 (Ultra light airplane)的機翼便是這麼簡單的，當然能產生升力，只是效率不高而已。

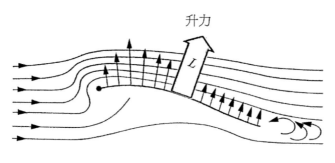

升力

圖2-38

　　圖2-38並且顯示了風帆面上的壓力分佈情形，和圖2-8和2-9的說明一樣，這些分佈的壓力，可以由一個作用在壓力中心點(C.P.)的集中力L(我們習慣稱為空氣動力)來代表。依據機翼原理，L始終是和風帆的弦線互相垂直的(見圖2-39)，這在本章初已經有過相關解說了。

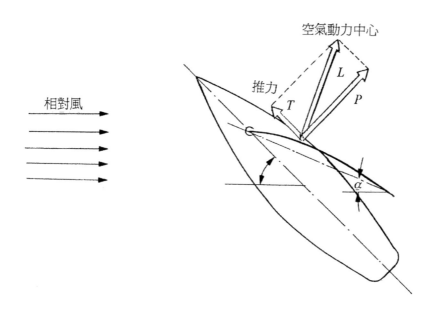

相對風

空氣動力中心

推力

圖2-39

　　再看圖2-39，這條帆船正以45度偏右的角度駛向逆風，若將風帆拉向船的中心線(也就是龍骨的方向)，這時風帆所產生的空氣動力用 L 代表，我們可以將 L 分解成兩個分力：一個是沿著中心線(龍骨方向)的 T，把船向船頭所指的方向推進；另一個是垂直於龍骨方向的 P，把船向外推；由於風帆高，因而 P 造成一個力矩，使得帆船也向外傾斜。操帆者有時還得把身體的重量壓住另一邊(圖2-40)，來平衡船身的傾斜。

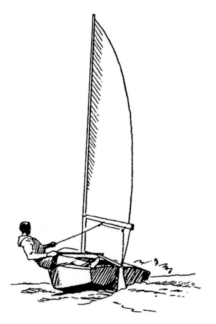

圖2-40

　　實際上，船身被 P 的力量往外推，水當然會給予阻力，如果在船底沿著龍骨方向裝以類似水翼的穩定板(有的可以收縮起來)，更會增加阻力，以阻止帆船向外橫飄。

　　帆船如此這般地向45度行駛了一段距離後，便要朝風向作90度的轉彎(見圖2-41)，同時也將風帆轉到另一邊，仍然是以與逆風作45度(但是向左偏)的方向前進。如此周而復始，便可以不偏離航道而逆風上了。

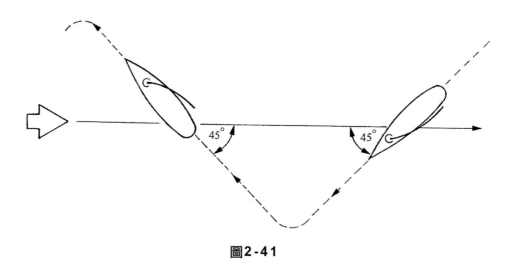

圖**2-41**

(八)　增加升力的幾個法寶

在前面曾經討論過，機翼所能產生的升力，是和攻角、飛行速度以及機翼的面積都有密切的關係，但是機翼面積加大，卻會使磨擦阻力(在第三章第一節裏將會介紹)跟著增加。增加攻角固然可以增加升力，但是誘導阻力(也請參見第三章)也會隨之增加，尤其是速度的影響更大，速度加倍，可使升力增加四倍之多。

巡航時的飛行速度已經是很高了，所以並不需要很大的機翼面積和攻角，機翼面積的大小，便是依巡航速度時能產生足夠的升力，以及最小的阻力為著眼點所設計的，其大小是固定的。

可是在起飛與降落時，速度卻都很低，這麼大小的機翼面積，所能產生的升力顯然是不夠的，那麼便要想出一些法寶了。

(1) 襟翼

在飛機起飛或降落時,光靠速度所產生的升力,當然是小得太多,即使靠增加攻角的方法來增加升力,也實在有限。讓我們回頭看看圖2-10,攻角也只能增加到某個程度(約16度左右)而已,若是攻角過大升力突然大減會發生失速現象。

法寶之一,便是用鉸接的方法,在機翼後緣,加裝了可上下轉動或伸出的小翼片,稱之為襟翼(Flap)。圖2-42表示了幾種常用的襟翼,但以第四種方法最為有效,可以增加高達90%的升力。例如波音747-400巨型機,便有多達三層的襟翼(見圖5-29),當然其控制系統,就繁雜得多了。

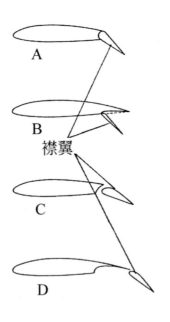

圖2-42

　　不論使用那種襟翼，基本上都可以增加升力，只是增加的程度不同而己。從圖2-43A可以看出，將襟翼下轉或伸出所得的升力曲線(如虛線所示)，比起未打出襟翼所得的升力曲線(如實線所示)顯然是增加了。

　　為什麼襟翼會使升力增加呢？讓我們看看圖2-42中的A，B，C，當打下襟翼後，平均曲線(見圖2-7)的弧度增加了，若在前緣和襟翼的後緣之間劃一條直線，便得到一條新翼弦線，可以看出來，這條新翼弦線顯然比原來(未打下襟翼時)的翼弦線更為抬頭。也就是說：攻角也因而增加了，升力當然也增加了。

　　再看分圖D，當襟翼伸出後，不僅增加了攻角，機翼也得到了延長，因而機翼面積也變大了，這就是為什麼效率是四者之中最高的原因。

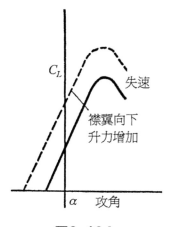

圖2-43A

　　如圖2-43B所示，是藉電腦計算出的空氣流過機翼的流線；左圖表示襟翼伸出後，流線更往下壓，於是產生更大的升力；右圖的小箭頭表示空氣流動的方向。可以看出：距離機翼愈遠的空氣分子，所受到機翼的影響愈小。

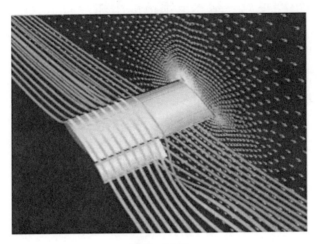

圖2-43B

　　使用襟翼有呼之則來，揮之即去的好處，只有起飛或降落起，才用得著。在巡航間便將襟翼收回，以享受經濟有效的飛行。

(2)　前緣縫翼

(a)　老鷹的本領

　　請先參看圖2-44，這隻老鷹正在天空翱翔覓食，為要能緩慢地盤旋，勢必要增加攻角。可是牠也怕失速而摔了下來，於是把翼膀上的大姆指(Alula)張開來(平常是收攏起來的)，同時也把翼尖的長羽毛展開(見圖2-44)，倒不見得是在悠哉游哉地享受著俯視原野、遨遊山川之樂，而是在全神貫注地尋覓可口的餐點。

張開了大姆指

圖2-44

(b) 第二個法寶

從老鷹的例子，空氣動力學家又想出了另一個增加升力的法寶，那便是在沿著機翼前沿加裝也像前緣般的翼條(Slat)，叫做前緣襟翼。平常在巡航時，翼條且權作前緣而緊貼住機翼；當飛機起飛或者降落而需加大升力時，翼條便被強力的液壓系統向前推開(圖2-45)，而出現縫隙，稱之為翼縫(Slot)。這時機翼下面的氣流，因有比較高的壓力，便經此翼縫而吹向壓力比較低的上翼面。這股生力軍便給邊界層(見下節2a段的說明)內已經疲憊了的氣流加一把勁，氣流因受到鼓舞而奮力向前，平順地流過上翼面，延後邊界層的分離而不致有失速的現象(見圖2-46，流線b後延到a)，因而攻角可以增加得更大。

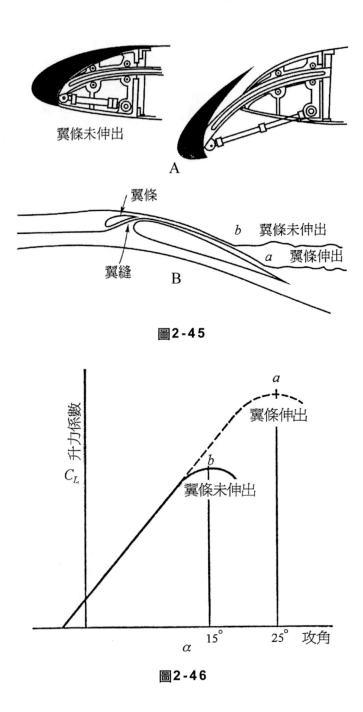

翼條未伸出

A

翼條

翼縫

b 翼條未伸出

a 翼條伸出

B

圖2-45

升力係數 C_L

a

翼條伸出

b

翼條未伸出

15°   25°   攻角

α

圖2-46

　　如果翼縫的寬度恰恰好，使得所加的勁也正好大小，氣流便不會發生分離，那麼升力係數可提高到60%之多；失速角也可以從一般的15度增高到25度(見圖2-46，從曲線b而升到曲線a)，或者更多。如果沒有前緣縫翼的幫助，在這樣高的攻角下失速現象必然早已發生了(如實線b所示)。

　　還有一種巨型飛機所常用的Krueger前緣襟翼，並不像前面所介紹的翼條，而是將前緣部分的下翼面往前推出，以增加機翼的平均曲線弧度(見圖5-28)而增加升力的，又稱為前緣延伸板。

　　前面所舉老鷹的例子，牠的大姆指便是和前緣襟翼的作用一樣。慢速盤旋時，本能地伸出大姆指，讓空氣從下翼面經縫隙流過上翼面，從而增加了攻角。許多的鳥類居然都懂得活用空氣動力學，這是何等奇妙啊！

(九)　可怕的失速

　　讓我們回頭再看看圖2-10，攻角在15度左右以前，升力曲線是一條直線，那便是說升力和攻角是成正比的；可是在15度以後，升力便驟然下降，以致飛機得不到足夠的升力來維持飛行，其後果可想而知，這種現象便叫失速(Stall)。

(1)　從升力曲線來看失速現象

　　參看圖2-47，例如攻角為5度時，氣流是緊貼著上翼面平順流動的，因為流得較快，所以才可以產生升力，這時邊界層所造成的分離點，幾乎就在後緣附近，我們可以忽略其負面影響；再看圖中的b點，攻角增加到16度，這時的分離點往前移動幾乎到了機翼的中段，分離點以後的氣流不再是整齊一致的，而是一團方向各異的渦流，稱為亂流區(Wake

或Turbulence)。在亂流區的氣流速度變慢了,升力從最大值開始下降。這時的攻角,稱為失速角;最後讓我們看圖中的c點,分離點更向前移到幾乎接近前緣,不消說,亂流區大為增加,升力也隨之大為減少,以致升力不夠維持飛行而發生了可怕的失速。

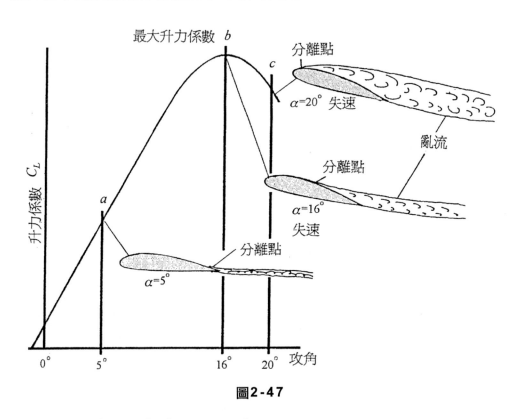

圖2-47

(2) 亂流所造成的效果

通常機長在看到前面有滾滾的雲層時,會採取躲避行動,並且發出警告,說前面有不穩定氣流,請乘客繫上安全帶。不穩定的氣流是一種較大型的亂流,如果亂流是溫和的,只是它的方向隨時作有限度的變化不定,以致攻角也隨之變化不定,升力也跟著變化不定。升力驟增時,

飛機也驟升；升力驟減、甚至短暫失速時，飛機也跟著驟然下落。但這些上下波動的幅度，都是有限，所以乘客會感到一陣顛簸，就像汽車在有坑坑窪窪的路面上行駛，如果亂流是激烈的，這實在是一陣風暴，飛機會突然下落幾百甚至一千公尺之多。

最討厭的是晴空時所發生的亂流，機長看不到有一絲雲層擋道，連雷達也察覺不到它的出現，這種風暴只發生在僅約三、四百公尺方圓的天空裏。飛機遇到了這種亂流，當然也會驟然下落，但幾秒鐘後便回歸平穩，如果沒有繫好安全帶，由於慣性作用，在那一剎那，身體會騰空飛起而撞及頭部，食盤和餐具，甚至未固定的隨身行李也會一齊飛起，隨即跌下，傷勢嚴重與否便要碰運氣了。

例如：1999年12月間，從東京起飛的美國聯合航空公司(United Airline)的826次班機，便經歷過這種驚險，造成了八十三人受傷及一人死亡。幸好這種激烈的亂流並不常見，總之乘客們只要繫妥安全帶便不需擔心了。

(3)　為什麼會失速

前面有好幾次談到：失速是在氣流中的邊界層內，發生了分離現象，造成亂流而失去升力。那麼什麼是邊界層呢？

(a)　簡介邊界層

我們試將濃稠的糖漿倒出瓶口時，還得費一番功夫才能慢慢地流出，而且瓶口也黏附了糖漿，因為它的黏性(Viscosity)太大了。

即使黏性較小的流體，流經管道時，就可以看出，緊貼住管壁的那層流體分子，根本就黏附在管壁上而不動。不僅如此，附著於管壁不動的分子還拖住鄰層的分子慢了下來，如此一層拖一層，只有接近中心的流體所受到黏性影響最小，才能流得最快，其間速度的變化情形如圖

2-48A所示，這就是黏性流體運動時所表現的特性。如果流體真的沒有黏性，那麼流體在管道中的流速便是均勻一致的，流體分子也根本不會附著於管壁上，正如圖2-48B所示，我們稱這種毫無黏性的流體為理想流體(Ideal fluid)，這是世間所無的事情。

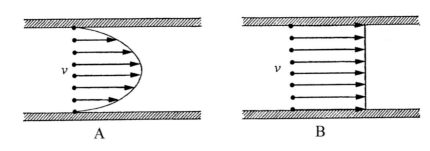

A   B

圖2-48

空氣也是流體，雖然黏性很小，平常並不礙事，但當快速流過物體(例如機翼)時(圖2-49)，緊貼著物體表面a的空氣分子也是黏附在表面上而賴著不走，反而拖住鄰近上一層b的空氣分子，雖然拖不住，但慢得幾乎也要停下來。這層慢慢走的分子，由於黏性使然，也如法泡製地拖住更上層c的分子，被迫也慢了下來，如此層層互相拖拉，效果當然逐漸減弱，直到離表面某個距離d後的分子，幾乎不再受到黏性的影響，而仍然以相對速度V流動。這其間的流速從0漸增到最大的V，我們稱這個特殊的氣流層為邊界層(Boundary layer)。這個距離表面的高度d，便被為邊界層厚度，用希臘字母δ代表，是隨著所流過物體的距離x而變厚的。

這是20年代德國Prandtl大師所創的理論，是一門相當艱深的一門學問。

邊界層厚度δ受雷諾數(d節中再介紹)的影響很大。例如機翼的雷諾數便是很大，比起機翼厚度來，δ可說是微不足道，就像一張硬紙板那

樣厚而已。

　　當然這只是指在巡航時低攻角的情況，像圖2-49中的a點以下所示，攻角增加到接近失速角時，邊界層厚度卻大為增加，這是我們要避之為恐不及的事情。

　　雖然在正常情況下，邊界層的厚度極薄，但搗亂的力量卻是很大。下章所要介紹的摩擦阻力，便是它的傑作之一，唯有在邊界層以外的氣流，才可以略去黏性不計，而認為空氣是無黏性的理想氣體。空氣動力學的基本方程式是非線性(nonlinear)的，如果能夠略去黏性，便可以大大地簡化基本方程式，而用分析方法解得結果了，古典空氣動力學便是如此用數學方法求得升力；而由邊界層理論求得阻力的。

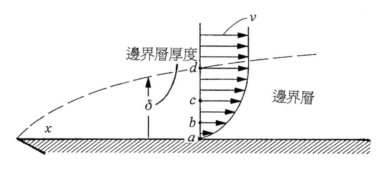

圖2-49

(b)　邊界層如何分離的

　　前面說過，機翼表面的邊界層，在正常情況下，其實薄得只有硬紙板那樣厚而已，為了說明清楚起見，圖2-50故意把邊界層的厚度給誇大了，虛線以內，便是邊界層氣流，空氣的流速從機翼表面上的零，層層增速而達虛線處的主流速度(也就是相對速度)。

圖2-50

　　失速現象和下一章要討論到的摩擦阻力，都是在這麼薄薄的邊界層內所發生的重大事件，筆者在此不厭其煩地再三強調其重要性。

　　由於空氣具有黏性，使得層層間的分子，互相拖拉，互相折磨，而逐漸地耗蝕著它們的動能，如果氣流所流過的路程(例如從前緣走向後緣)很長，或者機翼的攻角太大，以致邊界層中的某些空氣分子，在流動途中的某點起，動能已消耗殆盡而走不動了，只得滯留在那兒。依據柏努利原理，從那點起的壓力便增加了，於是邊界層便從這點起，開始分離而變厚了，這就是如圖2-51A中的第二階段的過渡期(transition)；這以前稱為層流(laminar)階段，氣流表現得井然有序，層次分明，正如圖2-51A的第一階段和圖2-49所示。

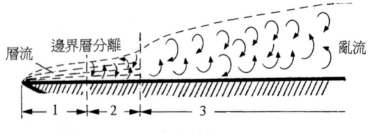

圖2-51A

　　起先只是某些空氣分子開始行動乏力，迅速地發展成大部份的分子，就像染上了瘟疫一般，邊界層的厚度也跟著增加，終至全體分子的動能都耗盡了。便開始如圖2-51A所示的第三階段，這時邊界層中的氣

流全部變成了大小不一、方向各異的渦流，這就是所謂的亂流，覆蓋著機翼的表面。這時邊界層的厚度增加得非常快，動能既已全部消蝕殆盡，根據能量不滅定律：消失的動能又已經轉換成位能了，這個位能就是大氣壓力，那裏還能產生升力呢？因而發生了可怕的失速現象！所以各種應變及處理失速情況，是飛行訓練中的重要科目。

(c)　翼面應當隨時保持設計時的原狀

　　一般設計機翼的原則是：讓空氣流過翼面時，所產生的邊界層愈薄愈好，才可以使得摩擦阻力最小，所以翼面以及整架飛機的表面都應該保持光可鑑人的狀態。

　　在冬天，翼面結冰、甚至結霜都會使得邊界層的厚度增加，而大大地影響了升力與阻力。例如翼面上結了1.2厘米厚的冰層，居然可使升力減少50%；阻力增加了60%；飛機的重心也向前移動而影響飛行的穩定。所以務必先將翼面上的冰霜除盡後才可起飛，而設計上通常都有機翼抗冰裝置。

　　圖2-51B說明了機翼結了冰霜對升力的惡劣影響，不僅如此，翼面因變得粗糙且厚度增加，阻力也隨之增加。還有飛機的重量也增加了，而且還會影響材料，使之脆化，這許多綜合的負面影響，實在可怕！因機翼結冰而釀成的事件，不乏先例。

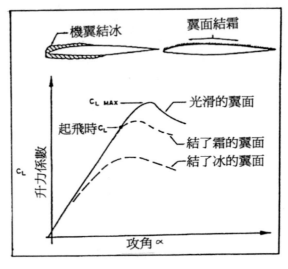

圖2-51B

(d)　功德無量的雷諾數

　　物理學家雷諾(Reynolds)在一百多年前就發現：流體運動時，受到了兩種力量，一個是慣性力(Inertia force)；另一個是黏性力(Viscous force)。從這兩個不同性質的力量的比數，便可以顯出何者的份量較重。這個比數便叫雷諾數，慣用Re代表，它又可以簡化成：

$$雷諾數\,Re = \frac{慣性力}{黏性力} = \frac{速度×密度×長度}{黏性係數}$$

　　空氣的黏性本來就很小，在作高速運動時，慣性力是遠大於黏性力的，可是慣性力卻在受到黏性力的蠶食而逐漸減少，以至於消失。這時流體運動的特性完全改變了，於是邊界層內的氣流，首先由層流開始，經過渡階段而最後變成了亂流，以至邊界層發生分離，因為空氣的黏性變化不大，從上面的公式可以看出，速度愈大、物體的長度愈大，雷諾數都會變得很大。

　　例如：噴射式航機的雷諾數在一千萬以上；小飛機也在二百萬以上；信天翁(圖2-27)也有20萬之數；棒球被擊出後也有23萬。若雷諾數達到了50萬，邊界層便開始分離而變成亂流了。

　　雷諾數還有一個非常重要的用途，由於數學分析的困難度很高，也無法得到精確的結果，所以在設計飛機時，其阻力、升力、壓力中心及穩定性、操縱性都要經過風洞(Wind tunnel)實驗，以驗証及改良。

　　根據流體力學的雷諾相似定律(Law of Similitude)說：任何兩個相似的物體，只要它們的雷諾數相同，那麼它們的升力、阻力以及力矩等的係數，就是完全相同的。這實在提供了飛行器(當然包括飛機)設計一個有力的方便之門，所以只要做一個比實體小得多的模型，放在風洞中作各種測試，但必需保持著兩者間有相同的雷諾數。

　　如果模型只是原型的1/4，那麼風洞中的風速便要4倍於原型的空速才能維持雷諾數不變，這在空速很低時是可行的，較高的空速便發生問題了。

　　例如1/4的模型，而原型的空速為每小時360公里，那麼風洞的時速必須是1440公里，這已經屬於超音速了，當然不行。若把風洞中的壓力增加到8個大氣壓，空氣的密度因而也增加了8倍。這時風速只需每小時180公里，便可以保持原型和模型都有相同的雷諾數了。

(4)　一窺風洞的盧山眞面目

(a)　風洞的重要

　　前前後後曾多次談到風洞，而且強調風洞是航太科學一個極重要的測試工具，根據飛行速度，可大分為次音速、跨音速及超音速風洞，每種風洞都有它的特性。為了要測試太空飛行器的數據，於是又有馬赫數大於5的極音速(Hypersonic)風洞出現，極音速雖然也屬超音速，但由

於它會產生很強烈的震波。使得震波後的空氣分子，因為溫度太高(例如當年的X-15太空試驗飛機，馬赫數高達6.7，溫度便高達1635℃)而出現游離現象，所以試驗方法也很特別。在本章的(c)段中，也有談及。

　　總而言之，風洞的目的就是要設法造成一股高速的氣流，平穩地吹過安置在風洞測試段(Test section)的小飛機模型。只要雷諾數相同，測出來的結果，用係數表示，便是所需要的重要數據了。

　　因為理論所計算出來的結果，並不是十分精確的，需要靠風洞所測得的數據，來加以修正才行。

(b)　次音速風洞舉例

　　圖2-52便是一座次音速風洞，採用封閉式的設計，也就是利用強力風扇產生相對風，強風在風洞內部循環不已，並在四角裝有導流片(Vane)，使氣流能夠穩定，通常次音速風洞的風速可達每小時約480公里。

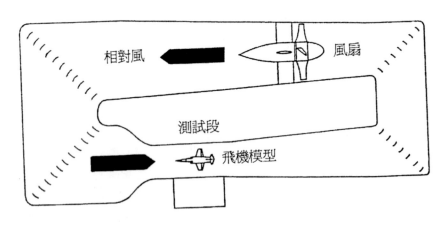

圖2-52

　　當然，測試段的大小，影響著測試結果的精確度甚大。有1:1的原型(Life size model)風洞，結果最為逼真了，這當然需要龐大的財力，

才可以辦得到的。

風洞實驗確是非常花錢的玩意，1930年代，道格拉斯公司的DC-3型飛機(也就是二次大戰中所常使用的C-47型機)，用了將近100小時的風洞實驗，當時每小時所費約一角美金，可是今天卻大不相同了！例如波音747-400型機，便做了12000小時的風洞實驗，每小時的作業費用高達一萬美元。

上面所介紹的風洞，比起當年萊特兄弟所使用的原始風洞，當然是複雜得多、先進得多了。豈止是小巫見大巫所能形容，但基本原理是一致的。

風洞不僅用於航太科學的研究與設計，事實上，橋樑、高樓大廈的設計，也要依靠風洞測試來輔助。這樣才可以求得最小的壓力分佈。前面所提到過的加拿大多倫多市政大廈，也是在設計階段經過風洞測試的。其他如防治空氣污染以及土壤沖蝕，也可以用風洞實驗來幫助研究。

(c) 極音速風洞還可以用來製造鑽石

研究太空飛行以及重返大氣層(Re-entry)所用的極音速風洞，實際上又稱震波管(Shock tube)。道理也很簡單，在一根堅固的長金屬管中，用一塊膜片在中間隔成兩半，一邊抽成真空，另一邊是大氣壓力或者加壓到更高的壓力，若兩邊的壓力差達到某個程度，膜片無法承受而告破裂(當然要看膜片的材料和厚度而定)，氣體便從高壓室以非常高的速度衝向低壓室。震波於焉產生，在低壓(真空)室中急速推進。

將小模型放置放低壓室的測試段中，便可以測得所需的數據了。

俄國莫斯科北部的一家研究所，便有一座200公尺長的震波管，曾經用來研發彈道飛彈，科學家們居然靈機一動，而將震波管變成製造人工鑽石的設備了，為了增加震波的強度，便採用了不銹鋼片作為隔間的

膜片。除了低壓室仍然抽成真空外；高壓室則用氫和氧的混合氣體充填，然後點火引爆，這樣一來，膜片兩邊的壓力差便大得不得了，能把膜片炸裂而產生M=11的極音速氣流，速度高達每秒3.5公里之快。震波的強烈程度可以想見，震波後的高溫高壓氣流，居然能夠把放在管內的石墨變成了鑽石，可真應了點石成金的神話，也不得不令人佩服俄國科學家做生意經。

(d)　電子風洞

　　風洞實驗的花費非常大，有時只是一個小小的修正，也要如此大事鋪張。

　　三十多年前，便有學者利用電腦來計算空氣動力學的流場分析，甚至用各種方法來模擬震波的不連續性(指震波前後的壓力、溫度等的突然變化)。只是那時計算機的速度太慢，而且記憶的容量又小，無法解答更複雜的大型問題。

　　如今，有了超級電腦的問世，這些缺點都不復存在了。於是有了所謂的電子風洞，可以用作來輔助風洞，以減少成本。雖有如此之好處，卻無法取代傳統風洞，無法模擬各種天侯。此外電腦是用差分法來計算非線性的偏微分方程式，不管如何分得精密，總是有極微小的差誤，而這種差誤是隨計算的過程而累積的，絕不比風洞所測得的數據更準。

　　事實上，電子風洞就是藉超級電腦的快速運算，來模擬空氣高速流動所做出的分析。三十及四十年代的德國，沒有任何電腦，那時研究所雇用了許多計算小姐來幫忙，不僅如此德國人卻能相當準確地把V2飛彈拋向英倫呢。

(5)　機翼設計也可以補救失速

　　如果發生失速現象，我們總希望先在機翼的根部(和機身連接處)開始，然後向翼尖方向擴張，絕不希望先在翼尖處發生(圖2-53A)，免得乘上了機翼的長度，而造成了很大的力矩，促使飛機作側滾(參見第六章第六節)的傾向。

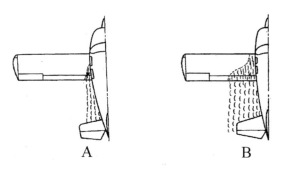

圖2-53

　　飛機在飛行中，如果發生了失速現象，通常是從機翼的根部，即與機身的結合部分開始的，因為此處的攻角較大，而向外漫延(見圖2-53B)。幸好在設計時，已將攻角逐漸向翼尖部分減小，所以，多少還有些升力，翼襟也還有控制作用，若控制得當，使得升力漸增，且向內移，是有辦法控制失速現象直到完全消失的。

(十)　靠上升氣流以產生升力

　　當我們騎在腳踏車，沿著一條很長的斜坡下滑時，不需踩踏板便可悠然地順勢而下，何等愜意！為什麼呢？因為你和車子的重量，有個平行於斜路面的分力，在推著你前進。先決條件是：你先得把車子帶到高處，也就是說，先要給車子位能，才能在斜坡上轉換成動能而享受這份逍遙稱心的樂趣。

　　在地球表面上，總有一些地方的溫度比周遭高一些，因此這地方的空氣便會因受熱而上騰，提供了一個很理想的升力。有一些候鳥便本能地知道了這個訣竅，牠們懂得先飛進這類上騰的熱氣團中(圖2-54)，彷彿乘了隱形電梯似的盤旋而上。然後就像我們騎腳踏車順斜坡而下一樣，滑翔(參見第五章第四節)而下，同時又去找下一個熱氣團助牠上升，如此循環不已，以迄到達目的地。

　　禿鷹(Bald eagle)振翅飛行時，每小時要耗去156千卡的熱量，這是非常消耗體力的，如果牠們利用翱翔的方式飛行，每小時祇消耗44千卡的熱量而已，真是節省了不少的體力啊！

　　滑翔機也是應用同樣的道理，首先由小飛機拖曳起飛，到達上騰的空氣團內，便脫離母機而開始盤旋上升(圖2-54)。升到適當高度便滑翔而下，再去尋找另一個上升氣流了，這是滑翔愛好者的必備知識。例如圖2-54中，若上升氣流以每小時15公里的速度上騰，而滑翔機正以每小時8公里的速度下落。那麼熱氣團還是以每小時7公里的速度把滑翔機往上抬升，如此周而復始，直到盡興而返航為止。

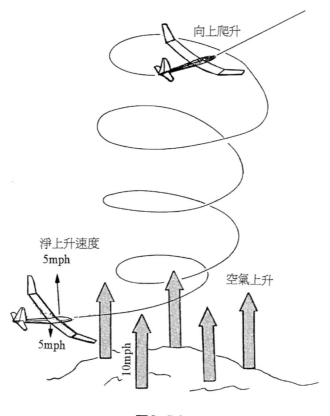

向上爬升

淨上升速度
5mph

5mph

10mph

空氣上升

圖2-54

　　玩滑翔機的高手，懂得如何找到充沛的上升熱氣流而爬升得既快又高，愈高便可滑翔得愈遠。目前曾有過飛到一萬四千公尺高，和飛到一千五百公里遠的傲人紀錄。

(十一)　藉旋翼也可以產生升力

　　前面介紹過兩種產生升力的方法，我們看過直升機的飛行，那又是什麼道理呢？我們很多人都過有遊湖的經驗，眾人在享受湖光山色之美時，船夫卻獨自在船尾用力地搖擺著櫓子，把船兒緩緩地向前推動，如

果細心觀察，便可以看出產生推力的竅門了。讓我們先看看蜂鳥、蜻蜓、蒼蠅和蚊子是怎樣飛行的，便可以發現牠們的翅膀就是兩(或四)片櫓槳。

(1)　蜂鳥可以停留空中採花蜜

郊遊時，我們會偶而看到蜂鳥(Hummingbird)能夠靜止地停留在空中，用長而尖的硬嘴深深地插入花蕊，盡情地吮吸著花蜜。人們會問，牠是如何才練得這份功夫的呢？

蜂鳥的翅膀和機翼(圖2-7)類似，以適當的攻角前進時，便會產生升力，可是這只能發生在翅膀向前推進的瞬間。神奇的是：牠的關節非常柔軟，可以反轉過來，猶如我們反掌之易，當牠把翅膀向前推到盡頭，雙翼便迅速反轉，立刻向後以適當的攻角退回，也是可以產生升力的。如此迅速地作∞字形划動(圖2-55)。動作之快，每秒可達20次以上，因蜂鳥種類不同，故翼面大小有別，甚至達到80次之多，才能產生足夠的升力而靜止地停留在空中。幾乎看不清楚雙翼的振動，而且可以停留到50分鐘之久。所以消耗的能量很大，一天要吸取和牠體重相等的花蜜，才夠維生，生活得真是辛苦啊！

翼尖作8字形划動

圖2-55

談到蜂鳥以∞字形划動雙翼，就像船夫在船尾搖櫓，可是櫓的剖面是對稱形的，而且前後緣也都相同，所以不必像蜂鳥般，每次都要翻轉翼面。

(2)　蜻蜓是駕駛直升機的高手

根據化石顯示，蜻蜓在地球上已經生存了二億五千萬年，那時牠們有一公尺多的身長。現在的蜻蜓，身材雖然嬌小得很多，可是飛行技巧卻叫人嘆為觀止。圖2-56便是牠的特技表演：先作一個緊急垂直起飛，接著來個倒飛，又來個俯衝。最後居然能在原點著陸，你能不佩服麼。

原來，蜻蜓、蒼蠅和蚊子等昆蟲所用的飛行方法，也和蜂鳥一樣，把翼片當作櫓槳而前後作∞字形擺動。蜻蜓有兩對薄翼，前後互為獨立，猶如有前後兩組旋翼的巨型直升機。據說蜻蜓可以產生比牠體重大20倍的升力，所以牠能夠很輕鬆快捷地垂直起飛，而且能夠承受三十個g的加速度(通常，若大於六個g，人們便吃不消了)，真是不可思議。而當年德國的V2火箭，它在地面發射時的總重量約為一萬三千公斤，引擎所能產生的推力約為二萬七千公斤，也只是本身重量的2.1倍而已，卻可將V2推到80公里高和300公里遠。

從圖2-56的各個飛行姿勢可以看出，不管牠的身體位置是垂直、傾斜或水平，翅膀始終保持著近乎水平的位置，這樣才可以同時產生必需的升力和推力。

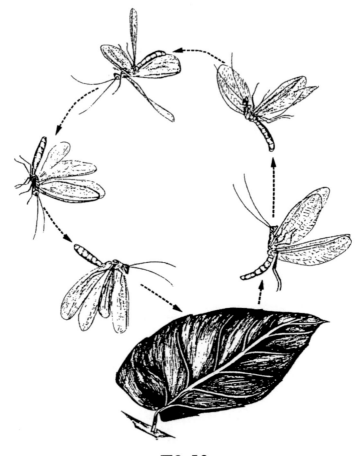

圖2-56

(3) 蚊蠅是很機警的飛行高手

　　蚊子和蒼蠅都有比紙還薄的翼片,蒼蠅每分鐘拍翼200次,蚊子拍600次真是不可思議!嗡嗡之聲非常惱人。注意圖2-57中翼尖1、2、3、4的順序位置,可以看出牠們的雙翼也是作∞形搖櫓狀划行的。由於蚊蠅翅翼是接在球狀接頭上,轉向非常靈活,可以任意改變翼面的方向和攻角,而能進退升降自如,還可以停留在天花板上。不止如此,牠們

飛得也很快，蒼蠅和蚊子的時速分別是6.4和1.6公里，要捕殺牠們還真不容易呢！

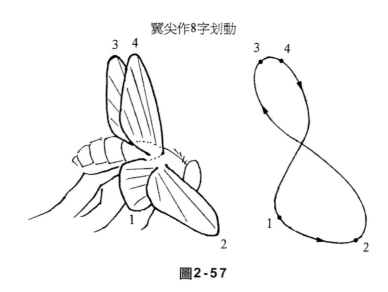

圖2-57

(4)　言歸正傳談直升機

前面談過一些天生的直升機好手，下面便要看看我們萬物之靈是如何研發直升機的呢？

(a)　一段小掌故

巴黎羅浮宮保存了舉世皆知的不朽名畫「蒙娜麗莎的微笑」，作者便是十六世紀文藝復興時代的大畫家達文西(da Vinci)。他天才橫溢，在多方面都有成就，對物理學、生理學、機械學和建築學都有過偉大的貢獻，例如迄今仍在廣泛使用的蝸輪螺桿，便是其中之一。他還曾設計過巨大的飛行翼，就是藉蝸輪螺桿的原理，用腕力和腿力推動著巨大的雙翼使之上下拍動，如果能夠成功，也只有大力士才能獨享遨遊天空之樂。

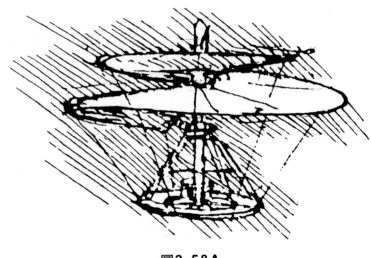

圖2-58A

　　這裏再介紹達文西大師的另一個構想(見圖2-58A)，是仿照螺絲的牙紋做一個又寬又薄的大螺絲，只要快速旋轉，便可鑽入空氣中而升空，當然沒法成功。空氣的密度究竟稀薄得很，不足以產生足夠的升力。況且，如何能使這個大螺絲轉得比蜂鳥拍翼還快呢？

　　1880年大發明家愛迪生，也為此費過腦筋。他改善了槳片的設計，可是，只能產生73公斤的升力而已。

　　後來經過了許多人的努力改進，直到30年代，有研製出了實用的直升機。1940年，美國Vought-Sikorsky公司所製的直升機，首次正式飛行。

　　朱家仁先生早年(1930)畢業於美國麻省理工學院，回國後在空軍服務，1937年曾製成"蘇州號"雙翼教練機，並且是我國第一位研製直升機的前輩，於1956年在台中製成CJC-3A型直升機，其實他在1948年便製成了"蜂鳥"甲型、乙型共軸式直升機，下圖(2-58B)為"蜂鳥號"的照片。

圖2-58B

(b)　旋翼也是藉機翼理論產生升力

　　直升機(Helicopter)的頭頂裝有數葉可旋轉的槳片，其剖面所如同機翼，所以旋轉時，便可以產生升力。把直升機抬升起來，我們稱這些槳片為旋翼(Blade)。根據牛頓的反作用定律，直升機升到空中後，加給旋翼的巨大扭力(Torque) 必定會使機身反方向旋轉，為要制止這種機身的轉動，於是在機尾裝了一個小螺旋槳(見第四章第二節)，所產出的推力，正好抵消了旋翼所造成的反作用力，這樣一來，才能保持機身在前進方向了。

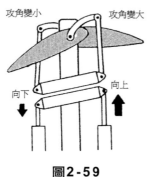

圖2-59

(c) 如何使直升機前進

雖然頂上的旋翼能把直升機抬升到所需的高度,問題來了,怎樣才可以使直升機也能前進呢?

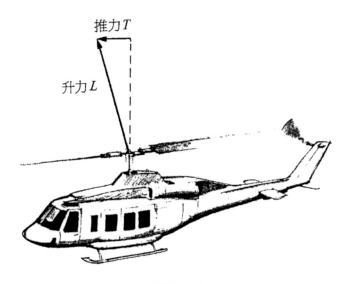

推力 T

升力 L

圖 2-60

原來是:當旋翼的任何一葉槳片轉到後半圈時,便由一個叫做旋轉斜盤(Cyclic swashplate)的特別控制器,把槳片稍微抬起,而增加槳片的攻角,因而也增加了一些升力,同時斜盤也將正好在前半圈的槳片稍微降低一些位置,使其攻角減少,因而也減少了一些升力(圖2-59)。

這樣一來,轉到後半圈的槳片,升力會增加一些;而轉到前半圈的槳片,升力會減少一些,因此迅速轉動中的旋翼所受的升力便前後不相等了,而使得整架直升機有些向前傾斜(圖2-60)。總升力L也跟著向前傾斜,因而得到了一個向前的分力T,這就是把直升機向前推進的推力了。

(d)　直升機飛行時，左右兩半邊的升力並不相等

　　向前飛行中的直升機，因為旋翼通常是逆時針方向轉動的，當槳片轉到右半圈時，便正好和飛行方向一致，於是槳片的切線速度V_t和相對風速度V相加後總速度變為二者之和而變大了，因而升力增加；當槳片轉到左半圈時，情形正好相反，相對風速度(二者之差)變小了，升力也因而減少。

　　舉個例子(見圖2-61)：若直升機的飛行速度V為每小時200公里，槳片尖端的切線速度V_t為每小時640公里，當某一槳片正好轉到最右邊時，相加後的合成速度V_r增為每小時840公里，升力當然也增加了；而正好轉到最左邊的槳片，恰和飛行方向相反，合成的相對速度V_r減為440公里，升力當然也減少了。這樣一來，直升機是歪著身子前進的，因為旋翼右邊所受的升力比左邊的大。

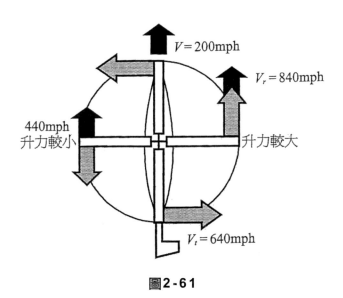

圖2-61

　　為了要糾正這個不美觀的飛行姿勢，便要在旋翼和轉軸連接處，採用特別設計的板鉸鏈(Flapping hinge)。正如在繩子的一端繫著石塊，

使繩子繞另一端快速旋轉。於是由於石塊的離心力作用而將繩子拉緊，緊得像一根直棒。因此升力增加的那(右)邊，槳片會稍向上翹，使攻角稍減，升力也隨之稍減。旋翼的另外半(左)也同時作相反的自動調整。結果旋翼所產生的升力，便沿著360°處處相等了。

(e) 如何控制飛行高度

直升機的升力既是由旋翼旋轉而得，但旋轉的速度又不可太快，為的是不可使槳片尖端的切線速度V_t太接近音速，否則引起震波，反而減低了升力。一般來說，旋翼的旋轉速度約為1350rpm左右。所以不可能期望靠增減旋翼的轉速來控制飛行高度了。

因此只有靠改變旋翼的攻角來改變升力，以控制飛行高度。增加攻角，升力也增加；如果升力大於機重，直升機便自然上升，反之便下降。集體節距操縱桿(Collective Pitch Lever)便是用來控制攻角的。

只要用手推(或拉)動集體節距控制器(圖2-62)，便可或上或下的推動此控制器的旋轉盤，藉以轉動旋翼槳片的攻角，升力因而得到改變了。至於節距的定義，請參見第四章第二節。

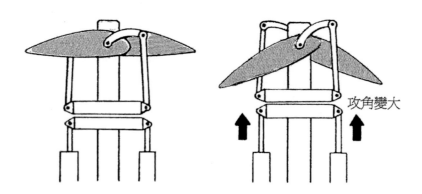

圖2-62

(f)　直升機如何改變飛行方向

直升機沒有方向舵,如何控制飛行方向呢?

前面提到過,在機尾裝了一個小螺旋槳,正式名稱為尾旋翼(Tail rotor)。如果尾旋翼的轉速適當,它所產生的推力,恰好抵消了旋翼的反作用所造成的扭力,直升機便能保持著平直飛行。

所以只要控制尾旋翼的轉速,也可以改變直升機的飛行方向,駕駛員只須控制踏板,便可以藉連桿來控制尾旋翼的齒輪箱的齒輪比,從而改變其轉速以及推力。

若要使直升機停留在空中,還真要高度的技巧呢!要做到心到、眼到、手到和腳到才行。不僅控制著升力,還要非常精確地控制著尾旋翼。不禁讓我們想到蜂鳥,停留在空中採花蜜的高超本領,牠不僅高速地振動雙翼,還不停地搖動尾巴,才能保持身體的平衡呢!

(十二)　藉渦流產生升力

(1)　渦流造成低氣壓

我們把湯匙在盛水的杯中劃過,就可以看到有兩個漩渦分列兩邊。凡是流體有這種快速的旋轉動作,便稱為渦流(Vortex)。就是因為渦流的快速旋轉運動,依照柏努利原理,渦流中的壓力才會大幅地降低,例如龍捲風便是個大渦流,連結在雲層和地面之間,它造成的低氣壓,其吸力之大,所經之處拔樹根、掀屋頂,造成駭人的災害。

(2)　渦流也產生升力

前面提到過,協和號超音速飛機在起飛及降落時,也會在機翼上面產生渦流升力。

　　有些像蝴蝶等昆蟲，有寬大的雙翼，當牠拍翼時，也會像湯匙一樣，沿著薄翼的前緣激起一串渦流，在上翼面滾過(見圖2-63)，雖然很微弱，但是雙翼每秒拍打10次之多，於是一串串向後移動的微型龍捲風，便滿覆著翼面，因而有源源不斷的吸力產生，把翼面往上吸，這就是升力了，而且也叫做渦流升力。

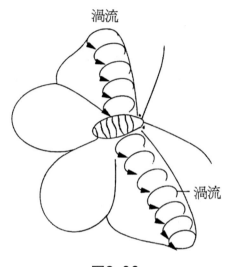

圖2-63

(3)　劍橋大學所做的實驗

　　前幾年，英國劍橋大學的Ellington博士，製作了一個由電腦控制的巨型機械飛娥(Moth)模型，翼展有一公尺長，並在雙翼的前緣噴出煙霧，放在風洞中作實驗，證實了牠的升力，確是來自前緣所激起的渦流。

(4)　利用渦流產生額外的升力

(a)　協和號SST靠渦流產生額外升力

　　英法兩國所合作研製的協和號超音機客機，外型就像一隻尖嘴大鳥，它的機翼是為超音速飛行而設計的，因馬赫數高達2.04，於是便採用了三角翼，也因為機翼面積較小，所以在起飛時，機翼當然無法產生足夠的升力。

　　然而由於機翼採用了雙三角翼(Double delta)的特別設計，那便是前後有兩個三角翼相連，前者的後掠角比後者大得多。

　　前三角翼划過鄰近機身的空氣，會激起一片渦流，流過後三角翼上翼面，而產生額外的升力，圖2-64A便說明了這種結果，隨著攻角的變化情形。值得注意的是：傳統升力曲線在失速點前是直線形，可是渦流升力的增加是非線性的，是一條向上翹的真曲線。

　　籍此，介紹一個數學名詞，線性是指2+3必等於5；非線性便不一定了，可能大於或小於5呢？

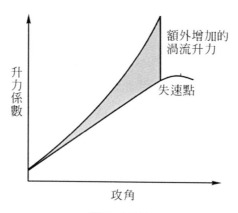

圖2-64A

　　根據風洞實驗結果顯示，這種雙三角翼在次音速飛行時，從前緣開始，便會造成大量的渦流(見圖2-64B)像龍捲風似的，覆蓋著上翼面，而產生了巨大的吸力，把飛機吸了起來，我們特稱之為渦流升力(Vortex lift)。本章第十二節還會介紹蝴蝶、飛蛾等昆蟲便是靠著渦流升力而飛行的。藉渦流升力之助，協和號超音速機的起飛速度並不如想像的高，

而約為每小時400公里(波音747-400巨型機的起飛速度為每小時256公里)。

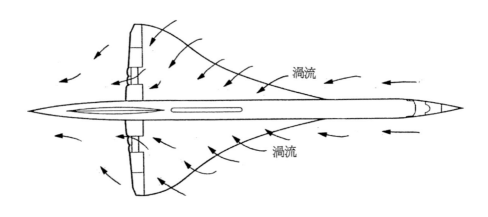

圖2-64B

　　這隻大鳥在起飛或降落時,為了能夠產生強大的渦流升力,所需的攻角也很大,這樣便會使機首昂昂然像隻企鵝,因而駕駛艙的設計也很特別,是可以作12.5度的低頭,讓機師能看得清楚地面。

　　圖2-65中,我們看到協和號起飛或降落時,在翼面上有一團旋轉的霧氣,當濕度高的空氣流過翼面時,壓力與溫度都驟然下降,若溫度降到低於露點,空氣中的水蒸汽便會凝結成水珠,懸浮在渦流中而隨之起舞。在冷天,我們戴著眼鏡進入有暖氣的房屋時,鏡片上便立即蒙上了一層霧氣,那是因為空氣中所含的水蒸汽,到了室內後,溫度便升高到超過了露點,而凝結成無數微小的水珠,附著在鏡片上。兩者之間的道理是相同的,雖然前者是因溫度驟降到露點;而後者是因溫度驟升到露點。

　　渦流升力還有個好處,升力是很均勻地沿著機身分佈的,對繞橫向軸的俯仰穩定(見圖6-1)有正面的積極效果,使飛機不致有頭重尾輕的現象。

圖2-65

(b)　藉一對前置小機翼產生渦流而增加升力

　　尤其是戰機，在小半徑轉彎或急速爬升時，速度勢必會慢了下來，升力因而減少，這時便需要額外的升力幫助，才能過關，於是有些戰機的設計，為了突出低、中速的機動性能，便在機身前方，另外裝置了一對可以轉動的小三角形前翼(見圖2-66)，其實並不是機翼，只是一片上下對稱的小鴨舌片，不會產生多少升力的，其作用就像調咖啡的小木片般，在杯中一劃，渦流便隨之出現。同理，飛機在飛行中，小翼劃破空氣而產生了渦流，若能和後面的主翼所產生渦流配合得恰當，便會因"非線性"的互補作用而加強，產生更強勁的渦流升力，於是飛機在低、中速飛行及轉灣或爬升時，都可以得到足夠的升力，增加了戰機的機動性。

　　前置小機翼可稍微轉動，所以攻角也可稍微變化，產生的渦流也隨之可作非線性的變化，至於機翼所產生的綜合升力，便要看兩者如何耦合而定了。

圖2-66

(十三)　比空氣輕的氣體也可以產生升力

(1)　熱氣球

　　1783年法國人Montgolfier用特製的綢緞(Taffeta)做成的球形袋，並用濕草和搗碎了的羊毛一起在下端開口處燃燒，產生了熱騰騰的煙，充滿了球形袋，而成了熱氣球(Hot air balloon)。

　　因為熱氣球比冷空氣來得輕，所以熱氣球便騰空飛起了，道理就是這麼簡單。

　　現在是用煤氣爐的火焰，對著氣球的下端開口吸，直接向球內的空氣加熱(圖2-67)，這樣做方便得多了。

圖2-67

　　以前有部電影，片名為「環遊世界八十天」，便用過熱氣球作為交通工具。在西洋的節慶日子，時常可以看到五彩繽紛的熱氣球來湊熱鬧。

　　很少人知道，1957年美國人 Simons 曾經駕駛熱氣球飛到三萬三千多公尺之高，後來於1991年，Virgin Ostsuka Pacific Flyer號熱氣球曾經飛了10817公里之遠。

　　1998年，美國一位名叫佛斯特的百萬富翁，企圖創下世界第一位熱氣球不著陸環球紀錄，可惜因燃料不夠而壯志未酬，降落在緬甸，但是佛塞特和他的同伴們，還是創下了飛行九天十七小時五十五分最久，和飛了一萬六千公里最長距離的世界紀錄。

　　此外，熱氣球已被人們廣泛地作為空中休閒運動以及觀光之用。若由自己操縱駕駛，多麼緊張刺激；俯覽美麗的山川，何等心曠神怡！

(2)　氫氣球

　　氫氣(Hydrogen)比空氣輕，這是唸過理化課的人都知道的常識，而且很多人還做過實驗呢！

　　1783年，法國人Charles便用塗有橡膠的絲織品製成的氣球，把氫氣灌入球內，再將開口處封閉起來，於是氫氣球便可以騰空飛起了。1785年，曾有人駕駛著氫氣球飛越英吉利海峽，美國在內戰期間，氫氣球也派上了用場。

(3)　氣　船

(a)　氣船的小史

　　為了能有效地駕駛氫氣球，法國人Meusnier瞭解到：必須把氣球改成有如橄欖的流線形狀。魚兒不也是這樣子的麼，才可在水中悠哉「游」哉，於是人們便改叫為氣船(Dirigible)。由最初最簡單的軟式(Non-rigid)、半軟式而進展到硬式(Rigid)，有金屬架支撐及金屬外殼包住整個氣船。

　　那麼氣船怎樣才能升降自如呢？原來也像魚肚內的鰾一樣，鰾內充滿了空氣，魚體便浮了起來；鰾內的氣消了些，魚體便隨之下沈。於是在氣船的下方，便裝了幾個空氣袋，而控制著氣船的升降。和魚鰾不同的是：因為空氣比氫氣重，氣船體內的空氣多，氣船便下降，所以把空氣袋的空氣洩出，氣船便上升，上升或下降多少由洩出或充入(當然用泵浦)的空氣量而定(圖2-68)。

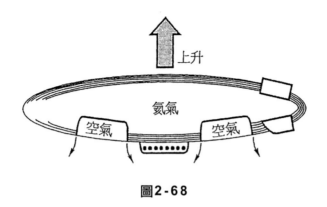

圖2-68

(b)　氣船參加了第一次世界大戰

　　一次大戰前,德國政府派齊柏林(Zeppelin)伯爵赴美考察,回國後受命為海軍建造了163公尺長的 L-3型制式氣船,裝有200匹馬力的推進引擎,飛行時速可達75公里,還可以飛到2000公尺之高。

　　一次大戰時,德國曾用氣船跨海西征英倫,大量投彈,後來居然被英軍用飛機以燒夷槍彈,射向氣船而引爆氫氣。因此在1916年9月的一場大戰後,氣船便不再作軍事用途了。此外,龐然大物的氣船,尤其在降落時,需要許多的地勤人員協助,才可以停靠留繫塔,這也是個大缺點。

(c)　興登堡號氣船的慘劇

　　德國著名的興登堡(Hindenburg)號氣船,有270公尺長,從1936年以來,已有18次橫跨大西洋的安全紀錄,不幸於1937年5月6日的那天早晨,在美國紐澤西州的終點站正要停靠留繫塔時,突然爆炸起火燃燒,氫氣帶著火焰就像噴泉般洶湧地噴出,僅只32秒鐘,偌大且華麗的氣般便付之一炬了!一共97位乘員中,便有48人不幸受傷或罹難(圖2-69)!

　　肇事原因是氫氣外洩,正好在暴風雨過後不久。當第一條留繫索(Mooring line)摔下碰地,因靜電而產生火花,引燃了氫氣而釀成此次巨禍。

　　這種以氫氣填充氣船的時代,便告結束了。

圖2-69

(4)　現代氣船

　　氫氣雖然是最輕的氣體,但那種會自燃的特性,實在太危險!自從興登堡號氣船出事以後,便沒有人再敢用於填充氣船了。代之而起的是氦氣(Helium),重量雖然是氫氣的兩倍,卻只是空氣的0.138倍(約是空氣的1/7重而已),可見浮力還是很大的。例如直徑約5公尺的氣球,若充以60立方公尺的氦氣後,可以產生60公斤的升力。而且球內部氦氣的壓力只比外面的空氣壓力稍微大一點而已,即使氣球穿了個小孔,氦氣也會漏得很慢。

　　況且，氦氣是惰性元素之一，既不像氫氣般可以自燃；也不像氧氣般可以助燃。所以，氦氣用於填充氣船，可說是非常安全可靠的氣體。我們在大都市常常可以看到，氦氣船懸浮在天空，作商品宣傳之用。

圖2-70

　　氣船還有個特別的好處，那便是可以長時間停留在空中，尤其是低空。加上它有很大的空間和載重能力，足夠容納最大的雷達，很適宜作為低空警戒和緝私監視之用。例如美國在佛羅里達州邁亞米海岸，便有這麼一個叫「胖子阿柏」(Fat Alberto)」的氣船。肥短的身材，安逸地飄浮在天空，認真地執行著任務，並且還協助管制空中交通呢！

(十四)　天方夜譚神話中的魔毯有望成為事實

　　讀過天方夜譚一書的讀者或許想過，若真有魔毯(見圖2-71)一事，該是多麼方便啊！最近卻有了個好消息，美國哈佛大學Mahadevan教授等人，成功地展示了一個紙幣大小的簿片，設法讓空氣在薄片下面產生較高壓力的波動氣流，這就是升力，將簿片抬升起來，只要讓前端略微傾斜，於是薄片便順著波動的起伏而向前飛行。科學家認為，只要有引擎能產生夠大的振動，便能產生夠大的升力，魔毯便可成為現實了。M教授說：不過乘坐魔毯會很顛簸的。在海底生活而形狀扁平的鰩魚，就是利用波動方式行進的(見圖2-72)，而觸發了他的靈感。

圖2-71　　　　　　　　　　　　　圖2-72

　　正如百年前萊特兄弟發明飛機一樣，當初只飛行了59秒鐘和短短的284公尺，而今卻能飛到其他星球去了。而且M教授所帶領的科學家們，還導出了初步的計算公式呢！在此我們拭目以待他們的成功。

第三章
阻　力

(一)　飛行時遇到那些阻力

在冰天雪地裏行走，可要千萬當心，因為冰上的阻力太小了，稍一不小心失去平衡，便會滑倒！烈日當空時，在曬軟了的柏油路上行走，路面會把腳黏住，覺得寸步難行。這都是阻力在作怪。賽車後的壓力板，其作用便是要增加車輪與地面間的摩擦係數，務使車輪在快速轉動時不打滑。有關阻力的例子，真是不勝枚舉。所以阻力是與我們息息相關的。

前一章我們討論了升力，如何才能把飛機抬升到空中。可是有了升力又會造成誘導阻力；飛機在空氣中飛行時，邊界層會造成摩擦阻力；如果是以超音速飛行，震波又會造成波動阻力。不止這些，其實還有更多的阻力呢！知道了所有的阻力，把它們加起來的總和，才能決定這架飛機所需的推力。

究竟有那些阻力呢？下面便分別介紹。

(1)　壓差阻力

(a)　雨天看得到的現象

下雨天，當一輛汽車經過面前時，尤其是車尾平直的貨車，我們會看到緊靠著車尾的雨點，似乎是跟著車子跑的。愈是流線型好的車子，這種現象便愈不顯著。試想，車子還要拖著一部分空氣緊隨於後，當然更要多費些力氣，引擎也要多費些馬力，這不就是多了一些阻力嗎！這緊隨於車後的一小股空氣，我們習稱為死水區。

自行車隊作縱隊前進時，領隊一馬當先，他卻正在使勁地拖著一股緊隨於後的死水區呢！當然比任何隊員都多費些力。可是這股死水區卻給後面的騎士們加了一把勁，愈後面愈覺省力，有如順水行舟的情形。難怪領隊要大家輪流擔任，以示公平了。

(b)　再看一個實驗

　　前面強調過，雖然空氣的黏性非常小，在邊界層(見上章第九節)中，它搗亂的威力可不小。邊界層所產生的漩渦，實際上是亂流，不僅造成了機翼的失速現象，也造成了上述的死水區，因而產生了本節所要討論的壓差阻力(Pressure drag)。

　　坐在行駛中的汽車中，若把一塊圓形小木板伸出窗外，便會感受到空氣加在手腕上的壓力。如果換成一個同樣直徑的圓球，所感受到的壓力便小得多了！這是什麼道理呢？請看圖3-1的實驗。在圖3-1的左圖中看出：電扇將煙霧吹向固定的圓盤，煙流遇到圓盤的邊緣，便立刻引起邊界層分離，造成圓盤後的亂流區，而且還看到蠟焰倒向圓盤，這就說明了亂流區的空氣也是倒向圓盤，而不被電扇吹走，德文中稱該區為"死水區"不無道理。車在雨中行駛，車後的雨點也跟著車跑，讓後窗玻璃模糊不清，也是同一個道理。右圖中換以同樣直徑的圓球，由於球面光滑，邊界層的分離點延到球後了，死水區也變小了，也就是說，壓差阻力減小了。

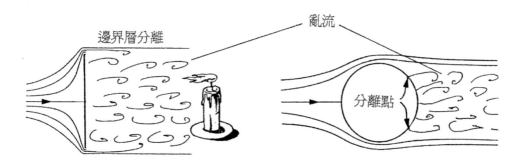

圖3-1

(c)　流線型的物體可以減少壓差阻力

　　再舉兩個實驗的例子，兩輛同樣大小的箱形車，左邊的一輛車，前端是方方正正，有稜有角，邊界層從開始就分離了，亂流區很大；而右邊的另一輛車的前端顯得圓滑，邊界層直到車尾才開始分離，亂流區比左邊的車小得多了。所以兩者的壓差阻力相差很多；用阻力係數C表示，前者是0.76，而後者僅是0.42(見圖3-2)。在前章圖2-38的保時捷跑車，其壓差阻力係數只是0.36而已，可見流線型是多麼重要啊！

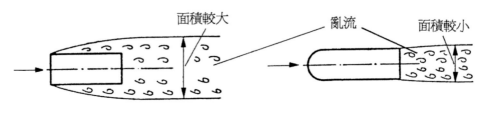

圖3-2

　　由於這個緣故，小飛機雖然無法把起落架收藏起來；若在輪子外面加個流線型的罩子(圖3-3A)，也可以減少阻力。以1979年Cessna 182 Skylane小型飛機為例，居然可使巡航速度每小時增加了32公里；它的巡航時速也不過是260公里而已，足足增加了13%之多啊！

　　高速公路上常可看到運貨櫃的大卡車，在駕駛室頂上，裝了一個和貨櫃齊高，而且看起來圓滑的大烏紗帽，目的便是增加流線型而減少壓差阻力，還有一個法子，那便是在有稜角有角處加裝一個類似縫翼(圖2-47)的導流板，使氣流平順地流過稜角(圖3.3B)，也可以確實的減少壓差阻力。

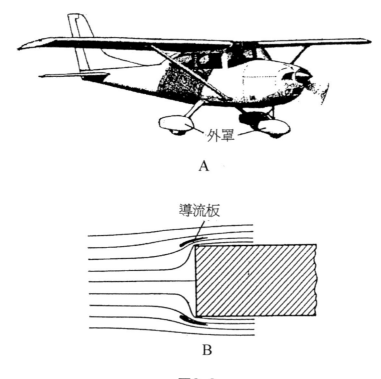

外罩

A

導流板

B

圖3-3

有許多旅行車,在車頂的後緣也裝了這種導流板,也是希望氣流能平順流過車尾,減少死水區,當然也減少了壓差阻力。減少阻力所節省的汽油也許不那麼明顯,但是可以發現:車子的後窗玻璃,因灰塵不易停留而乾淨得多了。

(d) 為什麼高爾夫球的球面滿佈小凹點

在第二章第九節所介紹的邊界層(見圖2-51),是假設流體本來就是很平穩的,也就是說:所有的流體分子排列分明,整齊一致,以同一速度流過物體,我們稱之為層流運動。圖2-53則說明層流流體因邊界層內部粘性作用比較顯著,而終於變成了亂流,於是邊界層的厚度突然大量增加,以致造成了分離現象。

　　那麼若流體本來就不平穩，這時流體各分子間的排列顯得紊亂，運動的速度也就不一致。雖然大家一致向前進行流過物體，然而卻不安份而左右亂竄？因為靠近物體的分子，被粘性拖得蹣跚而行甚至動彈不得，這時卻被闖了進來的活躍分子推了一把而走得快了些；但也有靠近物體的活躍分子跳到較外一層中，當然也會被推或被拖。分子間如此不停地交換能動的結果，邊界層中的流體分子，速度普遍提高了，也就是說：邊界層的厚度減小了(圖3-4)。我們稱之為「亂流邊界層」(Turbulent boundary layer)；因為厚度減小，就意味著死水區減小，壓差阻力當然也跟著減小了。

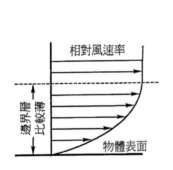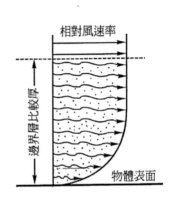

圖3-4

　　雖然我們從圖2-53已經得知：亂流邊界層的厚度增加得很快，但卻看不出在靠近物體表面因分子動量交換而引起的速度增加，因此特別用圖3-4來說明。比較這兩個邊界層剖面，正如上段所說，右邊則因速度的普遍提高而變得比較豐滿。

為了能充分瞭解起見，讓我們再看一個如圖3-5A所示的實驗結果，左邊是光面球，流體經過球面時，在中線以前就開始分離了，留下了很大的死水區。在右邊的球面上，特別裝上一個小圈，特名之為絆流環(Trip wire)，目的是要故意造成球面的不光滑，使流體經過此環而變成了亂流，可以看出：因為邊界層的速度變大而使分離延到中線以後，死水區顯然變小了很多。

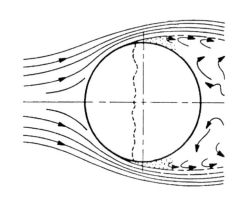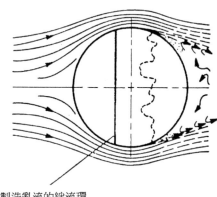

製造亂流的絆流環

圖3-5A

這絆流環的理論，應用到高爾福(Golf)小白球卻發生了極令球友們鼓舞的效果。小白球飛行時是不停地轉動，當然不能使用固定在球面上的絆流環，於是專家們想出了妙招，在小白球面上均？地刻了許多小凹點，也可以得到同樣效果；不僅可以減少高爾夫球飛行時所受的阻力，高爾夫球旋轉時，也會和棒球般(見圖2-39)產生升力的效應。經專家們研究及實驗結果得知：凹點的數目應在300-500之間為宜。而且凹點的深淺和排列方式也大有考究，圖3-6表示凹點深淺度對高爾夫球飛行軌道的影響，能使高爾夫球的飛行距離由100碼增加到了300碼。

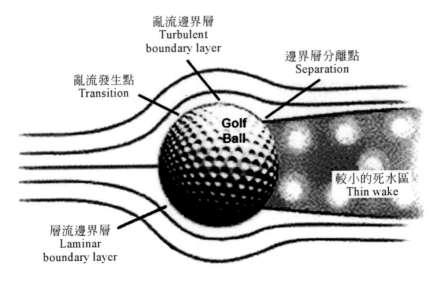

圖3-5B

小凹點對距離的影響

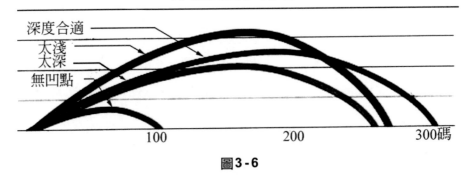

圖3-6

① 最低的曲線代表無凹點的球所飛行的軌跡，距離最短。

② 次低的曲線代表凹點較深的球所飛行的軌跡，飛得遠些。

③ 最高的曲線代表凹點太淺的球，飛得更遠些。

④ 只有次高的曲線所代表凹點的深淺度恰當時，飛得最遠，至於如何才算是深淺適當，當然會因高爾夫球的製造廠商不同而稍有互異。

(2) 摩擦阻力

飛行中的飛機，有一道邊界層籠罩著機體外表。尤其是緊貼在表面的空氣分子，因著黏性而拖住飛機不放，並且也想拉著上層的空氣分子，一齊來拖住飛機。幸而空氣的黏性很小，飛機的推力又很大，鄰層的空氣分子無法停住，只是走慢一點而已。如此層層相互拖拉。直到邊界層的外緣，黏性力才力有未逮而停止拖拉。這邊界層中的氣流所表現的拖拉之力，我們便稱之為摩擦阻力(Skin Friction)。

雖然空氣的黏性很小，可是空速(見第二章第二節的定義)很大，機翼的面積也很大，所以雷諾數也是很大。大雷諾數的特性是：速度和面積如果加倍，摩擦阻力卻增加四倍之多！

保持飛機表面潔淨光滑，也是減少摩擦阻力的基本方法。目的是讓邊界層內的氣流，不致因路面稍有粗糙而提早疲乏，以致增加邊界層的厚度。

看過協和號超音速飛機的讀者，一定會發現機體的表面光滑得像鏡子般。因為它的空速高達兩個馬赫數，經不起摩擦阻力的耗蝕啊！

(3) 干擾阻力

空氣流過機翼和機身的交接處，或引擎和機翼的交接處，都會因氣流的交疊而互相干擾，產生額外的阻力，稱為干擾阻力(Interference Drag)。前面曾經提到過，嚴謹的流體力學方程式是「非線性」的，也就是說，一加二不一定會等於三，可能會等於五，這多出的二便相當於干擾阻力，當然我誇大了這個比例，只是幫助解釋而已。

所以要在這些交接處加裝鑲片(Fairing)來達到增加流線型的目的，讓空氣流過兩者交接處時，好像只是流過一件物體似的，於是流過機翼的流線和流過機身的流線，在兩者交接處便不會發生「非線性」相加的

情形了。

(4)　寄生阻力

　　上面所討論的壓差阻力、摩擦阻力及干擾阻力都有個共同的特性：那便是這些阻力都是和速度的平方成正比的。所以不妨把它們合併起來而通稱為寄生阻力(Parasite Drag)，又稱為廢阻力，用D_P代表。

(a)　舉個例子

　　曾在二次大戰中的各個戰場，大出鋒頭的美製野馬式P-51戰機，裝置了二級增壓式引擎。在高空所吸入的稀薄空氣，經過了連續兩次增壓後，密度大增，就像從喝稀飯改為吃乾飯一樣，力氣大增。於是引擎的馬力也大增，飛機不僅可以飛到一萬公尺的高空，還可以達到每小時704公里的空速哩！為要增加續航力，特別加掛了兩隻副油箱在翼下。儘管做成光滑的流線型，所增加的寄生阻力，竟然使得空速減少了80公里之多，寄生阻力的影響可見一斑。

(b)　飛行翼

　　1940年代，美國 John Northrop提出了一個想法：只有機翼才能產生有用的升力，其他的控制面部分，對升力毫無貢獻，反而增加了阻力。說得也是，我們何曾見過：有那種鳥的尾巴是豎起來的呢？牠們不是都飛得很好嗎？

　　他曾研發了 XB-35和 YB-49兩型飛機，經過多次試驗後，才發現沒有垂直控制面的飛機，實在難以駕馭。後來因為控制系統的進步，這個不易操縱的問題獲得解決。於是作運輸用的大型飛行翼(Flying wing)便問世了。美國的B-2隱形轟炸機(圖3-7)，便看不到垂直控制面，把機艙安置在機翼內不僅減少了阻力，更增加了20%的升力；尤其重要的是：消除了因垂直控制面所造成的雷達反射，更增加了隱身的本領。

圖3-7

(c)　一幅老背少的有趣畫面

　　美國的太空梭完成任務返回地球後，便由波音747型巨機背負著飛還基地(圖3-8)，真像一位慈母背著兒子的有趣畫面。因為太空梭的尾巴是火箭噴嘴，像個截斷面，會產生很大的死水區。於是在尾部特別加裝了一個像橄欖頭的流線型罩子。這樣，便可使空氣平順地流過太空梭的尾端，而減少寄生阻力。

圖3-8

此外，太空梭騎在媽媽背上的位置也頗有考究。母子的重心必須互相重合在一點，才不會對穩定平衡，造成負面影響。這樣一來就只是媽媽累了一點而已。

(5) 誘導阻力

讓我們再複習一下機翼理論，當相對風以速度V沿著上下翼面流過，因而產生了一個和翼弦線互相垂直的空氣動力F(圖3-9)。而F又可以分解成兩個分量：一個是垂直於相對風方向的L，這才是名符其實的「升力」，能把飛機抬升起來；另一個是沿著相對風方向，也就是和飛行方向相反，所以是名符其實的「阻力」。這個阻力是因升力而生的，便叫做誘導阻力(Induced Drag)，用D_i代表。升力有增減，誘導阻力也跟著增減；升力降至零時，誘導阻力也就隨之消失，就像是升力的影子。

(a) 和速度的關係

從圖3-9可以看出：攻角α愈小，誘導阻力D_i也隨之變得愈小；升力L也就愈接近空氣動力F，可以簡單的說：升力和誘導阻力是成反比的。又從第二章第三節的敘述得知，升力L和V^2成正比的；誘導阻力自然也就和V^2成反比了，所以飛行速度增加時，誘導阻力便會大幅減少。

此外，攻角增加固然可使升力增加；但也會導致誘導阻力的增加。這就是為什麼不可一味地增加攻角，來提高升力的道理了。

(b) 和展弦比的關係

誘導阻力還和展弦比Γ(參閱第二章第六節)有密切的關係，Γ若加倍，D_i便會減少到只是原來的1/4。所以滑翔機和喜歡翱翔的鳥類，都有一對又細又長的翅膀(見圖2-27)。

再舉一個例子，來說明增加展弦比確實是可以減少阻力的。波音747-400型巨機便已將翼長從60公尺增加到65公尺，機翼面積也從511

平方公尺增加到530平方公尺。把這些數據代入展弦比的公式中，便可知道展弦比從7增加到8了。誘導阻力因此便減少了15%，通常來說，誘導阻力約占總阻力的三分之一。這樣一來，總阻力便減少了5%，燃料因而節省了至少3%。對每小時耗油12000公升如此大胃口的巨無霸來說，真是一個不小的數目啊！

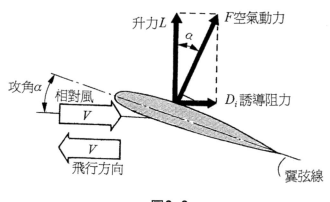

圖3-9

(6) 波 動 阻 力

飛機在作跨音速以及超音速飛行時，都會因震波的出現而產生波動阻力。這已經在第二章第五節以及圖2-21中，概略地介紹過了。

(7) 阻 力 曲 線

在第二章裏討論升力時，常常用到升力曲線。也就是升力係數和攻角間的互變關係。圖2-10便是由風洞實驗所測得的結果。以下我們要討論阻力曲線。

(a) 和攻角的關係

　　這裏所謂的阻力，是包括寄生阻力和誘導阻力的總阻力，暫且只討論次音速的空氣流動，所以不包括波動阻力。前二者的阻力都是和攻角有密切的關係，而且也是隨攻角的增加而增加的。圖3-10便是典型的阻力曲線，並且是和升力曲線同時由風洞所測得。

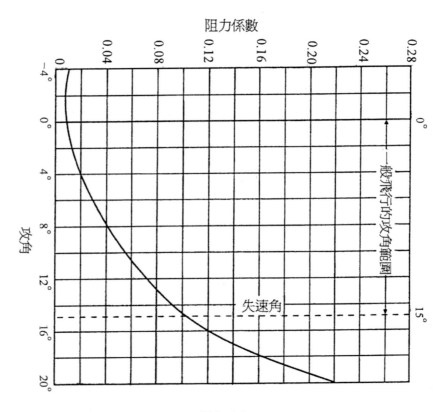

圖3-10

　　阻力曲線力和升力曲線的不同處是：後者在失速角以前呈直線狀，也就是說升力和攻角成正比的關係；而前者卻從頭到尾呈拋物線狀，也就是說攻角稍為增加一點，阻力卻大幅增加。這就是為什麼攻角一般保持在2～8度之間(見圖3-11)。

(b)　和速度的關係

　　前面曾經說過：寄生阻力是隨飛行速度的平方而增加；而誘導阻力卻是隨飛速的平方而減少(如圖3-11的兩條虛線所示)，把這兩條虛線相加起來，便可得到如圖中實線所示的總阻力曲線D。

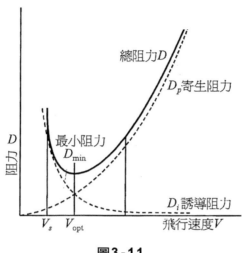

圖3-11

　　根據牛頓運動定律，要把飛機向前推進，那麼推力至少要等於總阻力D才行。從這個圖示可知：有一個最小阻力點D_{min}，對應於這個點的飛行速度便是最省力的，因為所用的推力為最小。因此我們稱它為「最省力的空速」，用V_{opt}代表。

　　再看這圖中的總阻力曲線D，左邊卻是一飛沖天，那表示總阻力居然增到無窮大∞了，那當然是不可能的，但卻表示著阻力大得飛不動而摔了下來，這不就是失速了嗎！？所以對應於這種情況的速度是失速時的空速，用V_s代表，空速絕對不可低於V_s，從圖3-10可知，這時的攻角為15度，稱為失速角。

(二) 檢驗機翼的品質的標準

又要馬兒好，又要馬兒不吃草，當然辦不到。但是希望馬兒好，卻吃最少的草，該不是奢望吧！

(1) 升力／阻力比(L/D)

前面說過，升力增加時誘導阻力也跟著增加。飛行中我們總希望阻力愈小愈好，這樣才可以減少所需的推力，引擎才可以做得更加嬌小，進而節省重量、空間和燃料。所以我們必須在升力和阻力間，作個通盤的考量，我們總希望能達到：升力恰恰好，阻力又最小的目的。這不就是少吃草了嗎？其實經過仔細設計的機翼，是可以滿足我們這個願望的。

可是怎麼知道這匹馬兒真是如此之好呢？那便要用特別的標尺——升力／阻力比(L/D)來檢驗了。

(2) L/D 的最大值才是最愛

我們可以不用繁複的數學，也能得到升力／阻力比的曲線。只要把升力曲線(圖2-10)和阻力曲線(圖3-10)合併起來，就可以得到某個特定機翼的L/D比，隨著攻角而變化情形，如圖3-12所示。

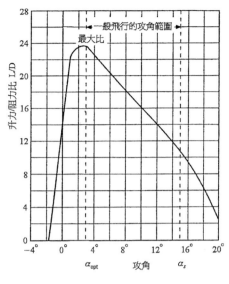

圖3-12

　　從此圖可知，L/D比曲線開始升得很快，當攻角為3度時，曲線達到頂峰，這時的升力／阻力比的數值最大而達24，表示升力是阻力的24倍，設計得更好的機翼，還可超過此數。所以L/D比是檢驗機翼品質的標尺，攻角超過了此數，曲線便往下滑落了，雖然升力還在隨攻角而繼續增加，然而阻力卻增加得更快，實在得不償失。

　　對圖3-12所代表的機翼來說，只有攻角為3度時，最為理想。這時，馬兒既好，吃草又最少，這個L/D比的最大值，和它所對應的攻角，才是我們的最愛，特別用α_{opt}代表。

(3)　橢圓升力分布的L/D比為最大

　　藉空氣動力學的數學分析，得出的結果為：若從機翼與機身連接處(貫稱翼根)沿著翼展方向直到翼尖，升力係數處處相等，那麼沿著翼展的升力分布便是橢圓形的，此時得到的升力為最大；阻力為最小，也就是L/D比為最大，機翼的品質為最佳(圖3-13A)。要達到此目的，機翼的恰恰應是橢圓形狀，像英國的噴火式戰機(Spitfire Fighter)便是如此

(圖3-13B)。還有美國道格拉斯DC-3型(也就是二次大戰中功勞最大的C-47型) 運輸機，可說是世界空運史上的經典，也是採用橢圓形機翼，老式飛機中有這種例子還多著呢！只因為製造這樣的機翼相當困難，採用此設計者並不多。

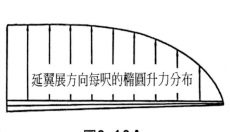

延翼展方向每呎的橢圓升力分布

圖3-13A

圖3-13B

(三) 兩個最經濟的飛行速度

(1) 最小阻力的巡航速度—航程最遠

圖3-11阻力曲線D的最低點為D_{min}，阻力當然是最小，所對應空速用V_{opt}表示。若飛機採用V_{opt}為巡航速度，阻力為最小，以一定量的燃料而言，飛得當然是最遠的了。所以V_{opt}便稱為最大航程(Maximum range)的空速，是民航客運機所愛採用的巡航空速。

(2) 最小功率的巡航速度 — 耐航最久

我們都知道功率(Power)是指單位時間(例如一秒鐘)內，所能完成的工作，物理書中習慣稱為功(Work)。而物理對功的定義是：物體受力後，沿著施力的方向所移動的距離，那麼力和距離的乘積便是功。飛機

抵抗阻力而向前平直穩定飛行時，功率的定義便是總阻力與空速的乘積。用數學式子表示便是：

$$P = D \times V$$

式中的P便是功率，我們從圖3-10中，逐點地把總阻力D和它所對應的空速V相乘起來，再把這些乘積描繪成曲線，便可得到如圖3-12的所需功率P_r隨空速V(也就是飛行速度)的變化情形。

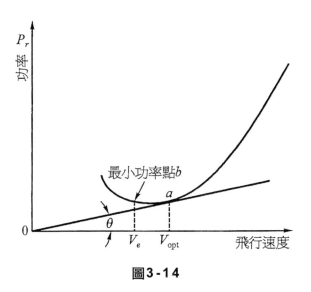

圖3-14

從圖3-14中，又看到一個最低點b，表示這點所需的功率為最小，因此我們稱b點為最小功率點；它所對應的空速用V_e代表。

所以飛機以空速V_e飛行時，所耗用的功率最小，也就是每秒鐘內所耗用的燃料最少。飛機只能攜帶一定量的燃料，如此細嚼慢嚥而細水長流，當然可以維持最久的航行了。因此我們稱這個最能節省燃料的逍遙遊，為最大耐航(Maximum endurance)的巡航速度。

如執行海岸巡邏和空中預警等任務的飛機，便要相當講究耐航力，能在空中停留得愈久愈好。有些鳥兒在不趕路時，也會採用V_e的速度飛行。

(3) 另一個證明的方法

科學的特性是：如果結論是正確的，那麼不管從那方面著手，只要邏輯是合理的，便都可以得到同樣的結果。

這裏，讓我們試圖用別的方法，來證明上述的兩個速度：V_{opt}和V_e。

再參看圖3-12中，我們唸中學時，三角函數告訴我們：從坐標原點O對功率曲線作一切線O_α，α便是切點，切線和橫(飛行速度)坐標間的夾角為θ。於是從$\Delta \alpha OV_{opt}$便得到：

$$\tan\theta = \frac{\text{所需的功率}\,P_r}{\text{飛行速度}\,V} = \frac{D \times V}{V} = D$$

從解析幾何又知道：切線的斜率(Slope)是最小的，所以夾角θ也是最小的，當然此角的正切$\tan\theta$也就最小了。又從上述的式子中，證明出$\tan\theta = D$。而D就是總阻力，也就證明了：此時的總阻力最小，所對應的飛行速度為V_{opt}。以這個空速飛行，阻力最小而飛得最快，當然也就可以飛得最遠。

再看功率曲線的最低點b，所對應的空速為V_e，比V_{opt}稍小，由此可知要用最省燃料的方式飛行，當然會飛得慢些。

(四) 幾個有趣的例子

(1) 飛鳥也懂得省力

上面所說的道理，侯鳥似乎早就修得了學分，例如野雁和天鵝，牠們平時是硬碰硬地拍打著翅膀而飛行的，不會投機取巧地利用翱翔的方法，然而在為避寒而結隊南飛時，便懂得了採用最省力的速度V_{opt}作長程的飛行。

　　曾經有過科學家以鴿子做過風洞實驗，發現當牠們執行傳遞信息的任務時，便會以每小時43公里的速率飛行，這就是牠們的最大航程速度V_{opt}，若只是悠哉遊哉地以18公里的時速飛行，以期耐久，這就是牠們的最大耐航速度V_e。

　　科學家也曾經用過雷達測得信天翁的兩種速度分別為：最大航程速度V_{opt}是每小時72公里；最大耐航速度V_e則是每小時44公里。

(2)　飛機的巡航速度

　　以我們時常搭乘的波音747-400巨型客機為例：在11700公尺的高空水平直飛時，攻角只有2度而已，巡航空速是每小時910公里。這兩個數據便分別是她的α_{opt}(圖3-12)及V_{opt}(圖3-11和14)，都是以最大航程為著眼點。

　　再舉一個小飛機的例子：在1200公尺高的空中作水平直飛時，引擎轉速為每分鐘2400轉(rpm)，油門只開到65%的淨馬力輸出。這時飛機便以最經濟的空速每小時194公里飛行，這便是她的V_{opt}了。

第四章
推力是如何產生的

(一)　先看看鳥類的飛行

　　鳥兒並沒有螺旋槳(Propeller)，卻能向前飛行，那麼它的推力是從那裏來的呢？

　　以海鷗為例(圖4-1)，牠的翅膀有內翼A和外翼B兩部分。當雙翼向下拍打時，內翼A比較僵硬，就像飛機的機翼一樣，主要作用是產生升力；此時外翼B完全展開，而且它的前緣比A部分的顯得向下傾斜些。

　　這樣一來，外翼便能以適當的攻角遇到一股相對風V。虛線表示拍打時B點的軌跡，顯然V就在虛線的切線方向。於是，就在翼弦的垂直方向產生了空氣動力R；再把R分解成兩個分力：一個垂直於飛行方向，這就是外翼B拍打時所產生的升力，另一個便是和飛行方向一致的推力T了。

　　當牠們拍打翅膀到底，將雙翼收回時，會把展開的外翼折回以減少阻力，並且後退。如此不斷地拍打與收回，宛若蛙式游泳時雙手的動作。所產生的推力也像划船般一陣一陣地產生。

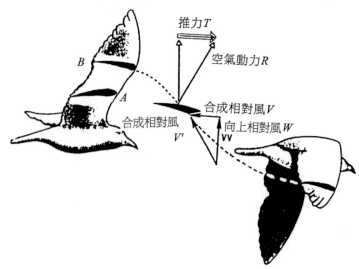

圖4-1

　　有些鳥類(例如野雁)飛行時，翼尖也和蒼蠅般地作8字形搖櫓狀運動(見圖2-57)。圖4-2中並且顯示出：翼尖的幾片長羽毛，會自動展開且作適當角度的扭轉，就像螺旋槳的節距(見下節)。其效果等於翼尖處另外增加了數片螺旋槳片，在拍打時切入空氣而產生額外的推力。

　　為了容易說明起見，圖4-2只繪出野雁右翼向下拍打的三個位置及右翼尖的動作軌跡。

圖4-2

(二)　螺旋槳推進

(1)　採用機翼理論

　　在船尾的，我們可以看到螺旋槳轉動時所激起的水花，鼓動著船破浪前進。螺旋槳(Propeller)的形狀正如其名，靠著那幾片扭轉的葉片，快速旋轉而把水推向後方，所產生的反作用力，便就是推力。

　　飛機也是靠螺旋槳推進的，只因空氣的密度，僅是水的八百分之一，船用的螺旋槳當然無濟於事。萊特兄弟利用了機翼能有效產生升力的理論，把螺旋槳葉片的剖面，做成和機翼相同的剖面(圖1-5)。

　　參閱圖4-3，當螺旋槳轉動時，沿著葉片的各處，都受到切線速度 V_t 的相對風吹來。於是在垂直於翼弦線方向，便產生了升力 L。把 L 分解成兩個分力：一個是正好在飛行方向的 T，這便是能拉著飛機前進的推力；另一個卻是在抗拒葉片旋轉的 R，稱之為阻力。

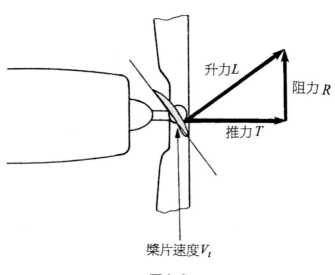

升力 L

阻力 R

推力 T

槳片速度 V_t

圖4-3

　　既然螺旋槳葉片和機翼理論相同，當然，除了升力(實際上是推力)T外，還有個如影隨形的誘導阻力R；以及可能會發生的失速現象，失速會使得推力減弱甚至消失，這當然是可怕而要力求避免的。

　　所以，也要按照機翼理論，找出升力／阻力比(L/D)的最大值以及它所對應的最佳攻角α_{opt}(圖4-4)，而這個最佳的攻角，也就是螺旋槳葉片所需扭轉的角度(也參見圖1-5)。如此，螺旋槳的推力才會最大，阻力也才會最小。換句話說，螺旋槳才能獲得最大的推進效率。

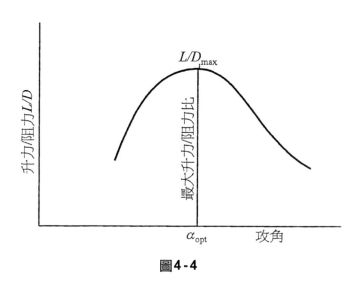

圖4-4

(2) 螺旋槳的節距

(a) 什麼叫做節距

　　我們都有用螺絲起子扭緊螺絲的經驗，螺絲周圍環繞著斜形的螺紋，就像盤山而上的公路般。如果把螺絲扭轉一周(360度)，看看螺絲能入木多深，這個入木的深度就稱為節距(Pitch)。

　　顯然，螺紋的斜度愈大，入木愈深，也就是螺絲的節距愈大。一般機具上所用的螺絲，為能使得機件之間結合牢固，就算經震動也不易鬆

脫，就要採用節距很小、也就是俗稱的細牙螺絲。

　　螺旋槳有和機翼相同的剖面，它的翼弦線和螺紋一樣都是傾斜的(圖4-5)。如果以這樣傾斜度的螺紋，鑽入木頭，且不打滑；那麼螺旋槳轉動一周，能向前進展多少距離，這個距離，便稱為螺旋槳的幾何節距P了。

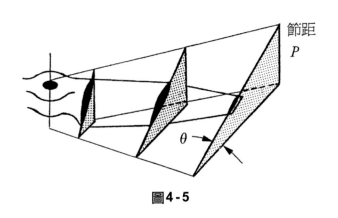

圖4-5

(b)　螺旋槳的節距

　　事實上，螺旋槳在高速旋轉時，拖著飛機在空氣中向前飛行。空氣卻不如木頭般的堅實，而是會打滑的。所以螺旋槳的實際進展會打折扣，而比上述的幾何節距為小。

　　前面提到，螺旋槳的節距要特別考究，而節距也可以說是翼弦線和螺旋槳旋轉平面之間的夾角，正好也就是攻角。為要能產生最大的推力(圖4-4)，便要保持最大的 L ／ D 比，螺旋槳的幾何節距應該等於 α_{opt} 才好。筆者文中常有重覆敘述或解說之處，目的是在強調其重要性，期望讀者清楚瞭解。

(3)　螺旋槳的節距是變化的

(a)　切線速度是沿槳片而變化的

螺旋槳旋轉時，沿著槳片上各點的切線速度V_r是隨半徑的增加而增加的(圖4-6)。在槳片尖端的切線速度為最大，用V_{rt}代表；而在轂部(Hub)的為最小，用V_{rh}表示。V_{rt}比V_{rh}大多了，這點我們可從圖4-6中觀察得知。

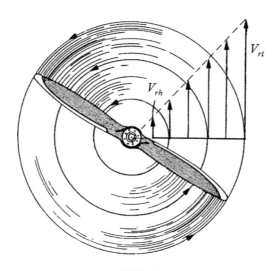

圖4-6

如果將螺旋槳固定在地面上，那麼當螺旋槳旋轉時，沿著槳片任何一點的攻角都是一樣的。但葉尖的切線速度V_{rt}(也就是吹向槳片的相對風)，卻比在轂部的V_{rh}大多了。而升(正確來說是推)力是和相對風的平方成正比的。於是在螺旋槳外圈所產生的推力，也遠大於內圈的。我們當然希望推力於每個位置都是相等，這種情形，是必須經由設計來獲得改善的。

(b)　飛行速度也會使得攻角沿著槳片而變化

　　當飛機飛行時，情形便不同了。因為除了切線速度V_r外，還有飛行速度V，兩者是互相垂直的，用向量的方法相加後，便得到合成速度V'。這就是吹向槳片的相對風V'(見圖4-7)，當然這股相對風也是會沿著槳片而產生變化的。也就是說：相對風的攻角，沿著槳片時也是處處不等的。

　　為了解說清楚，這裏只取槳片的轂部、中點、葉尖三點為例。因為飛行速度V都是相同的，只是這三點的切線速度不一樣，分別是：V_{rh}、V_r及V_{rt}。這三個切線速度和V的向量相加後，所得到的三個合成速度(也就是吹向這三點的實際的相對速度)也互不相同。

　　我們知道，相對風和槳片弦線間的夾角便是攻角(參見圖2-7)。所以這三個相對速度，便構成了三個不同的攻角；也就是：葉尖處的攻角α_t最大、中點的攻角α_m次之，轂部的攻角α_h最小(圖4-7)。所以攻角是沿著槳片從內向外而增加的；因而所產生的推力也是從內向外而增加的。這種情形，是必須改善，務期推力在槳片上每處相等。

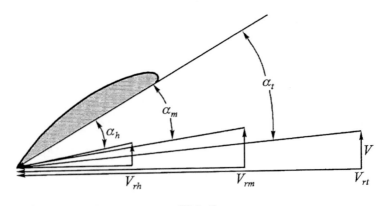

圖4-7

(c)　改善之道

　　唯一的良策，便是把槳片再加一番扭轉，使得槳片的節距在轂部最大，並向葉尖遞減(見圖4-8)。如此才能使相對風以最佳攻角α_{opt}吹向槳片的各點，保持全面的L/D比都是最大值，而發揮最高的推進效率。

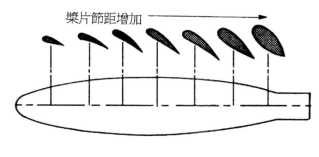

圖4-8

(三)　螺旋槳的分類

(1)　定距螺旋槳

(a)　只對某一空速時推進效率才最高

　　前面討論過，若相對風以最佳攻角α_{opt}吹向槳片，便可得到最大的推力。可是相對風是飛行速度和槳片上諸點的切線速度，用向量方法相加而來的。如果螺旋槳的轉速不變，那麼切線速度也是不變的；但是飛行速度(因為速度是向量，包括了它的大小和方向)變化時，吹向槳片的相對風速度也會跟著變化，其中包括了大小和方向的變化。由於相對風速度的改變，此時攻角也變得不再是最佳攻角。當然推力也跟著空速的變化而減少了。

以圖4-9的例子，若螺旋槳轉速保持不變，則V_r維持不變，原來的飛行速度為V，這時的攻角正好是α_{opt}；當飛行速度增加到V'，攻角卻減小到α'，推力當然也就跟著減小了。

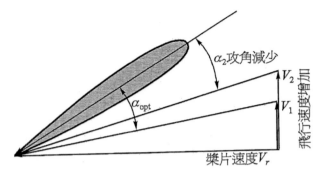

圖4-9

(b) 螺旋槳的分類

可是在飛行的全程中，起飛、巡航和降落時，便有很大的速度差別。於是因為飛機的用途不同，螺旋槳也有著不同的設計，而分為爬升用與巡航用。

例如特技表演或拖曳滑翔機升空用的飛機，便需要採用爬升用的螺旋槳。它的設計著眼於螺旋槳扭力的要求，節距比較小，轉速比較高。就像我們騎多段速的自行車上坡時，便要使用爬坡擋，踩起踏板來才會覺得比較省力些，但必須踩得更快才行。要踩得省力，便要踏得更快，這是力學的基本原理。

將爬升用螺旋槳用於巡航時，其效率便會降低了，在飛行的全程中，一般飛機以巡航佔了大部份時間。站在經濟效率方面來看，當然要選用巡航用螺旋槳了。也就是：要以巡航速度為準，設定適當的節距，以求取L/D比的最大值。

這兩種螺旋槳都叫定距螺旋槳(Fix-pitch propeller)，因為節距是依據最佳攻角而設計的，在全部航程中都保持不變。

(c)　活塞式引擎和螺旋槳的轉速是相同的

參看圖5-2可知：活塞式引擎(Piston engine)的輸出馬力先是隨引擎轉速的增加而增加的，到達約3500rpm時，輸出的馬力為最大，此後便反而下降。但從下半部的燃料消耗曲線看出，以在約2500rpm時的引擎轉速最為省油，所以後者的轉速常被設定為巡航時的引轉速。為了要充分利用引擎轉速，螺旋槳轉軸和引擎轉軸是直接相連的，所以兩者的轉速是相同的。

此外，螺旋槳尖的速率不可接近音速，否則不僅會減少推進效率，而且會造成擾人的噪音。尤其是單引擎小飛機爬升時，那種吃力而發出刺耳的吼聲，真叫人擔心會把耳膜穿破。

蒼蠅(尤其是綠頭大蠅)和蚊子飛行時，所發出惱人的嗡嗡聲，便是翼尖速率接近音速所造成的。

(d)　林白英雄的例子

定距螺旋槳的節距既然是不可改變的，飛行員便要依賴轉速表(見第七章第三節)來調整引擎的馬力輸出了。

讓我們看看當(1927)年，林白(Lindbergh)英雄駕駛「聖路易士精神號」(Spirit of St. Louis)單引擎(223匹馬力)飛機，橫跨大西洋時所寫的的日記，看他是怎樣用轉速表來增減螺旋槳的馬力。

- 當(5月20)日清晨，飛機裝滿了1609公升(425加侖)的汽油，兩個機翼和他座椅後面都是油箱。起飛重量便達2329公斤(5135磅)，幾乎是不勝負荷。於是油門踩到底，引擎在怒吼，連蒙在機身上的帆布也震得像打鼓似的響了。最後終於起飛，緩緩爬升，真像老牛拖車般的費勁。小林實在提心吊膽極了，因為前面有電線桿豎在航道上啊！

- 飛機平安地越過了電線桿,但只高出7公尺不到,真是好險!林白這才鬆了一口氣。為了節省燃料,他把油門退到1750RPM的引擎轉速。

- 11個小時以後,燃料耗去了1/4,飛機也輕了不少,他便再把油門退回一些,使引擎轉速降到1600RPM。這樣,又可以節省一些燃料。

　　讀了他的日記片段,我們也替他捏把冷汗。如果看過林白冒險的電影,更是驚險萬分。歷經33個多小時的艱苦飛行,終於平安飛抵花都。他是第79位橫跨大西洋而唯一成功的飛行員,在巴黎不但有人山人海在機場歡迎他,回到紐約也受到四百萬民眾的熱烈歡呼。

(2)　定速(或稱變距)螺旋槳

(a)　節距隨飛行速而變

　　在飛行的全程中,除巡航和起降外,還有其他的操作情況;例如轉向、加減速等等,當然也希望螺旋槳始終保持最高的工作效率。顯然地,光是一個節距是無法應付的。

　　見圖4-10,飛行速度由V增加到V'時,槳片的節距也由最佳的θ增加到θ'。這樣一來,攻角也隨之變化,而影響了推進效率的降低。

　　唯一的補救之道,便是設法隨著飛行速度的變化,而來改變螺旋槳的節距。使得節距始終維持著最佳攻角α_{opt}的情況。

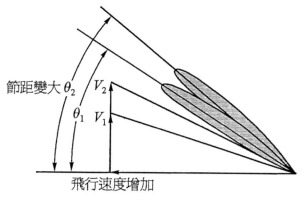

圖4-10

(b)　螺旋槳轉速必須保持不變

由於槳片的節距和轉速都影響著推力，若兩個因素同時改變，會把問題弄得更加複雜，而造成混亂。為了能簡化控制程序，不妨設定一個適當的螺旋槳轉速，並且維持不變。這樣，便祇控制螺旋槳節距的改變，來適應飛行速度的變化，便可以達到始終維持最大推力的願望了。

所以稱為定速(Constant speed)或變距(Variable pitch)螺旋槳。

螺旋槳的轉速不可太快，而有個限制；那便是槳片尖端的切線速度不要太接近音速，通常以不超過馬赫數0.6為原則。否則，空氣的壓縮性效應會變得顯著，而減少推力(參見圖4-11)。

此外，螺旋槳轉速如保持不變，這意味著引擎轉速也不變。這卻大有好處，容下面再談。

(c)　有兩個重要的引擎轉速

在下章第一節的圖5-2中，有兩個引擎轉速是我們所喜愛的，它們分別是：產生最大淨馬力(也就是最大扭力)的轉速RPM_t及最小比耗油量的轉速RPM_f，而前者的轉速，比後者為高。

在起飛及爬升階段，所需的馬力當然要愈大愈好。所以要讓引擎使出它的渾身解數。從圖5-2便可以得到這架飛機的引擎所能供應的最大淨馬力，以及所對應的轉速RPM$_t$。

只有在巡航時，阻力最小，所需的推力也最小，當然耗油也最省。這就是為什麼林白後來把油門關小些，引擎轉速也變得慢了些，而為RPM$_f$。

要增加飛行速度時，便要把油門(Throttle)打開得更大，引擎才可以吸進更多的空氣和燃料的混合汽，以產生更大的馬力。因為空氣吸得更多，所以進氣歧管(也就是引導混合汽進入各個汽缸的金屬管)的壓力便升高了。於是，只要測量進氣歧管的壓力MAP，便可以量出引擎所輸出的馬力。駕駛室中便裝有這個測量MAP的儀表(見圖7-15)，儀表上的綠線區便表示引擎的正常工作範圍。

需要更大的馬力(也就是螺旋槳的扭力)時，祗要多打開些油門，讓引擎吸進更多的混合汽便可。這時可以看到MAP儀表的壓力在增加，螺旋槳也轉得更快。

這卻與螺旋槳轉速必須保持不變的要求不符，於是要想出別的法子來，把轉速降到預定數才行。

(d) 如何才能使螺旋槳的轉速保持不變

原來在螺旋槳轂裏裝置了一個調速器(Governor)，它才是維持轉速不變的幕後英雄。當螺旋槳的轉速增加時，調速器受到的離心力也增加，驅使高壓液體來轉動槳片而增加節距，也就是增加槳片的攻角以及推力。而推力的增加會引起誘導阻力也跟著增加，逼使螺旋槳的轉速慢了下來。

反之，當機師鬆開油門而令飛機減速時，引擎轉速因而減慢。調速器便把槳片的節距減小，於是誘導阻力也減小，螺旋槳的轉速便也增加起來。

如此反覆的操作，不管空速如何變化，螺旋槳的轉速都能維持在一個預定值，只是螺旋槳的節距隨著空速變化而已。

(四)　螺旋槳的推進效率受到空速的限制

螺旋槳的推進效率η_P是：引擎所發出的淨功率BHP，究竟有多少部分是用在推進功率($T \times V$)上呢？在空速不太大時，螺旋槳向的推進效率大約是80%以上。也就是說，引擎所發出的淨功率中，有八成以上是用在推進飛機前進的功率，這是相當令人滿意的。把推進效率的公式稍加移項後，便得到：

$$T = \frac{\eta_P \text{BHP}}{V}$$

從這個式子可知：推力T是隨著飛行速度(空速)V的增加而減少的，這是螺旋槳推進的先天性缺點。圖4-11便說明這個變化情形。

此外，又可以看出：當飛機靜止時，推力為最大。這可以從圖4-9看出，在空速V等於零時，攻角最大，當然推力也是最大的了。

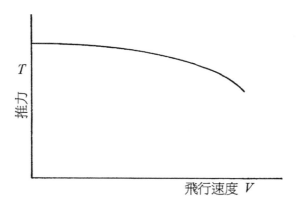

圖4-11

　　螺旋槳推進，雖然比以後要討論的噴射推進的效率為高，而且又是最省燃料，可是卻受到空氣壓縮性的限制。例如：四公尺長的螺旋槳，在飛行時速為720公里時，槳片尖端的切線速度可高達每小時928公里，相當馬赫數為0.77。前面(圖2-17)已經說過，因為有了跨音速氣流的出現，而產生震波，以致推力減少、阻力大增。這就是為什麼螺旋槳推進不能用於高速飛機的道理。好在、有噴射引擎可以勝任更高飛行速度的推進任務，圖4-15及圖4-17便有清楚的說明。

(五)　螺旋槳的新面貌

　　螺旋槳的推進效率既是如此的高，我們是不是也可應用高速機翼理論，來改進槳片的形狀，而使它能適用於更高的飛行速度呢？答案是肯定的。

　　美國洛希馬丁飛機公司(Lockheed -Martin)研發成一種新型螺旋槳，使用於C130-J力士型運輸機。槳片做得很薄，並且把前緣做成像超音速機翼般的尖銳。同時也按照後掠機翼的道理，因此槳片不再是筆直挺拔的，這一連串的設計為的就是要減少阻力。所以造型上看起來怪怪的，而且彎彎曲曲的(圖4-12A)。並且每具螺旋槳裝有六支槳片之多，簡直像一具家用電扇。

　　據該公司說，一切條件如舊的狀況下，光是採用了這種新式的螺旋槳超大型的，推力便增加了18%之多，而從起飛到爬升至6100公尺高空所需的時間，也從28分鐘降到了22分鐘。同時還得到了減低噪音的優點呢！這是多麼驚人的進步啊！

　　俄國和烏克蘭國合作研製成了AN-70型運輸機，配置了四具強力引擎。每具引擎裝置了兩層逆向旋轉的薄槳片組，每層裝有八支槳片(圖4-12B)。也是應用高速機翼理論，如尖銳前緣及後掠角。所以身材也是顯得略為彎曲。由於這架飛機的體重高達130噸，所以需要64支這樣的新式槳片，才能推得動它呢。

圖4-12A

圖4-12B

(六) 噴射推進

(1) 渦輪噴射引擎是如何工作的

顧名思義，噴射引擎是藉由尾端噴出高速的氣體，產生反作用力而得到推力的。我們玩過沖天炮的人，便曉得它的力道是很強的。

噴射引擎有：渦輪噴射(Turbojet)、衝壓噴射(Ramjet)及火箭(Rocket)。前二者只能在大氣層內才有英雄用武之地，因為要用空氣作為它們的助燃劑；而火箭自己攜帶了助燃劑，就算到沒有空氣的外太空也能作用。後二者多用於軍事方面，不是本書介紹的範圍。

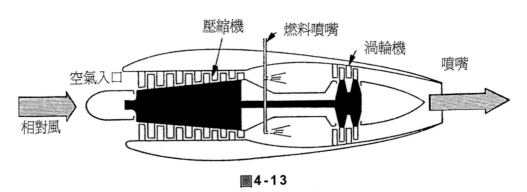

圖4-13

渦輪噴射引擎(圖4-13)的工作原理很簡單，空氣由前端的進氣口吸入後，先受到壓縮機的擠壓。壓力因而增加了數倍，當然空氣的密度也增加了數倍，以利燃燒，並增推力。然後把壓縮後的空氣，送到燃燒室去和噴成霧狀的燃料混合並點燃後，便產生高溫高壓的燃氣。流過特殊形狀的管道，膨脹而加速，成為超音速的排氣(Exhaust gas)，再經由噴嘴 (Nozzle)噴出以產生推力。

為什麼要在前面冠以渦輪兩字呢？空氣被吸入後，不是要經過壓縮嗎？這個壓縮機自己是不會轉動的，而是靠後面的渦輪機(Turbine)來驅

動。渦輪機有些像風車，在大輪盤的周邊上裝置了許多葉片。高壓的燃氣，在到達噴嘴以前，先要吹過渦輪機的葉片，使得渦輪機飛快地轉動起來。渦輪機和壓縮機是用同一根轉軸相連的(圖中的黑色部分所示)，前面的壓縮機也就跟著轉動，開始執行壓縮空氣的任務；這就是渦輪噴射引擎命名的由來。

(2)　噴射引擎的推進效率

根據牛頓第二運動定律：只有動量$m \times V$發生了變化，才會產生推力。空氣從噴射引擎的進口吸進後，而以超音速從噴嘴推出去，其間速度的變化相當大，才能產生相當大的推力。

所謂效率就是指所耗費的能量中，究竟有百分之多少才是真正的用在飛機的推進上。經過一番簡單的演算後，便可得到下面有關推進效率η_P的公式：

$$\eta_P = \frac{2}{1 + \dfrac{V_e}{V}}$$

從這個公式可以看出，推進效率η_P只受V_e/V比數的影響，這個比數值愈小，η_P便愈高。

然而噴射引擎的排氣，在剛離開噴嘴的速度V_e是超音速的。除非飛行速度V也是超音速，而和V_e差不多時，才可降低V_e/V的比值而增加推進效率；這就是噴射推進為什麼適用於超音速飛行的理由。

最理想的情形是：排氣速度V_e和飛行速度V相等，也就是：$V_e/V = 1$。推進效率等於100%，是最高的了。這時排氣從噴嘴推出來後，便停留在天空中。當然這只是理想狀態而已。

至於螺旋槳推進，飛行速度V雖不很高，但空氣通過螺旋槳以後的速度增加了16%左右，於是V_e/V便等於1.16左右，換算下來，推進效率也可高達90%。

(七)　渦輪螺旋槳推進

(1)　既噴射又螺旋槳

以前的螺旋槳飛機，都使用活塞式內燃機。活塞在汽缸中往復地運動，很難達到完美的平衡，總是有震動現象。我們乘汽車便有很多這種經驗，尤其是各個汽缸的壓縮比、或其他如供油、點火有了問題，那便會震動得相當厲害。

但螺旋槳推進的優點是：空速低於0.5的馬赫數時，推進效率為最高。

渦輪噴射引擎便沒有這些缺點，因為所有運動的機件，都是轉動的。只要轉動時平衡良好，運轉便會非常平穩，並且可以提供很大的馬力。而渦輪噴射引擎的體積卻比活塞引擎小得多。

如果把這兩個優點結合起來，豈不美哉！於是才有了採用如圖4-14所示的渦輪螺旋槳推進(Turboprop)的大型飛機問世了。

(2)　兩種推進如何結合的

這種複式的推進系統中，不僅前面的空氣壓縮機，要靠後面的渦輪機來驅動；裝置在最前端的螺旋槳，也是要靠渦輪機來扭轉。所以便要增加渦輪機的級數，才有足夠的馬力來推動壓縮機和螺旋槳。此外推動渦輪機後的燃氣，仍具有相當的高壓，從噴嘴噴出，又可以額外地得到10 ％～15 ％的噴射推力呢！

渦輪機的轉速非常高，可是螺旋槳卻不能轉得太快，因為槳尖的切線速度，是不能太接近音速的。否則，推力反而會降低。所以，在螺旋槳和渦輪機的轉軸之間，必須加裝一套減速齒輪組(Reduction gears)，讓螺旋槳可以維持適當的轉速。

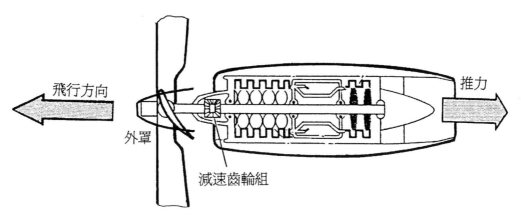

飛行方向

外罩

減速齒輪組

推力

圖4-14

　　從物理學得知：功率輸出(也就是俗稱的馬力)是和扭力τ與轉速ω的乘積($\tau \cdot \omega$)成正比的；而渦輪機的轉速又非常高，所以輸出的馬力也非常大，經減速齒輪箱的減速後，傳給螺旋槳的扭力也就變得更大了，有這麼強大的扭力，當然是最為次音速的巨型飛機所愛，如果再採用前面所提的特殊形狀的螺旋槳(圖4-12A、B)，更是並堪稱絕配的最佳組合。但是由於螺旋槳的先天性缺點，飛行速度仍然會受到限制。

　　渦輪噴射引擎雖然運轉平穩、馬力強大；但耗油量大，且燃氣的溫度相當高。所以需要能耐高熱的特殊合金製造，當然造價也就高昂了。

(八)　渦輪風扇推進

(1)　給渦輪噴射引擎加裝一個大風扇

　　螺旋槳推進所能達到的飛行時速約是六、七百公里左右，而渦輪噴射推進系統卻只適合超音速飛行。那麼空速在兩者之間的飛行，是不是也可得到高效率的推進呢？答案是肯定的。

　　辦法如下：在渦輪噴射引擎的前端，加裝一具大風扇，並且外加一個大環罩，見圖4-15，作為額外的空氣通道，流經引擎的外殼而噴出。圖4-15中，A圖說明工作原理，B圖為實物的解剖圖。為了增加效率，大風扇也採用了特別形狀的葉片(見B圖)。

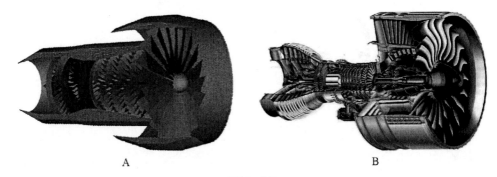

A　　　　　　　　　　　　　　　　B

圖4-15

　　透過這個設計，渦輪風扇推進系統便可以填補這段空隙，而且也有很高的推進效率(圖4-16)，下面介紹它的工作原理。

(2)　外加的大風扇如何有此能耐

在前段的推進效率η_P公式中可以看出，只有設法減少V_e/V的比值，才可以增加推進效率。加裝螺旋槳固為一良策，但其先天缺點是不能飛快。渦輪風扇(Turbo fan)便是本節要介紹所另一良策。

這個方法是加裝一個比引擎本體更胖的大風扇，當然也是由渦輪機來驅動。裝在引擎的入口處，或者在引擎後面部位的外環。大風扇轉動時，把周遭的空氣打進來，團團包圍著噴出來既快又熱的排氣。既慢又冷的空氣和既熱又快的排氣立刻迅速混合，變成了溫度較低、速度V_e較慢的氣流。這樣一來，不是降低了V_e/V的比值嗎？所以，如果把大風扇所送來的冷空氣流量，控制得不多不少，便可以提高推進效率到令人滿意的程度。

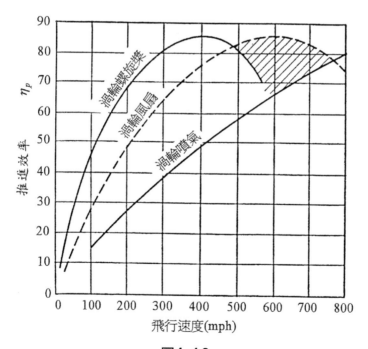

圖4-16

　　從圖4-16可以看出，渦輪風扇推進系統，正好彌補了在750到1200公里的時速的推力短少，但以空速每小時900公里的效率為最高。

　　圖4-17所示的例子，大風扇是裝在引擎的後段，並且加裝了噴油設置。在起飛時，若噴出燃料，還可以額外地增加高達50 %的推力呢！

　　大部份的大風扇都是裝在空氣入口處，我們一眼便可看到那比引擎本體還胖上許多的風扇圈。

　　此外，渦輪風扇還有另一個優點，那便是引擎運轉時的噪音也減小了。

　　渦輪噴射引擎有好幾個旋轉部分，像壓縮機、渦輪機、大風扇或螺旋槳。由於處在高速旋轉狀態，這些機件都對平衡有極嚴格的要求，否則不平衡的機件在運轉時所造成的離心力，對引擎本體甚至是機身都會造成莫大的損害。完美的平衡要求，即使引擎是靜止的，只要輕風一吹，我們便可看到大風扇在緩緩地旋轉著。

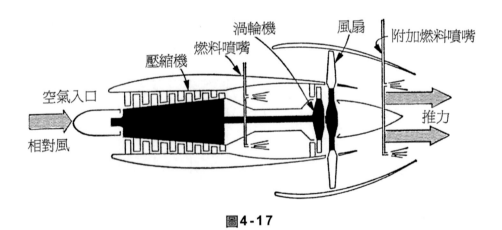

圖4-17

(九)　把這三種渦輪推進作個比較

　　把同樣的一具渦輪噴射引擎，裝上螺旋槳、大風扇或是純粹的渦輪噴射引擎，其所能產生的推力，已在前面各節分別討論過了。現在歸納起來，用圖4-18來說明：當空速較低時，渦輪螺旋槳的推力最大，可惜推力卻隨空速的增加而迅速下降；當空速接近跨音速時，渦輪風扇的推力最大；當空速是超音速時，純渦輪噴射的推進能力就顯出本領來了，而且推力相當穩定，幾乎不受空速的增加而變化。

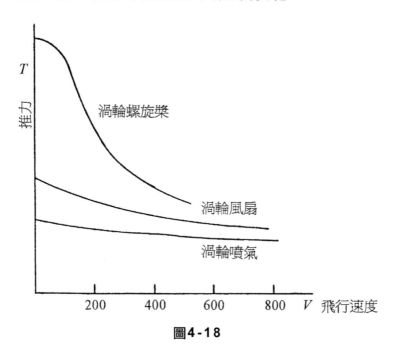

圖4-18

　　前面提到過，渦輪噴射引擎的耗油量很大，例如美國出產的DC-10和法國製造的A300型飛機，所採用的渦輪風扇引擎都是美國通用(GE)出品的CF6-5型，運轉時可產生約25000公斤的巨大推力；每秒鐘要吸進680公斤的空氣，其食量是何等驚人啊！

(十)這是個節能的時代

　　大家都知道，地球的資源愈用愈少了，而且大量的污染排放，不僅影響了我們的健康，也造成了整個地球氣溫漸升的危機。於是航太技術人員在竭盡思慮，想要造出能減少燃料消耗和污染排放的飛機。

(1)　將來的民航機會是複合材料(俗稱塑膠)製造的

(a)　金屬有疲勞的缺點

　　我們很容易做個實驗，把一段鐵絲或鐵片，上下不停地撓折，不用多久便在撓折處斷裂了，這就是金屬疲勞現象，這是金屬先天上的大缺點。

　　澎湖貨機空難案於2003年6月經飛安調查結果，是因金屬疲勞(Metal Fatigue)使得機身斷裂，並非外力撞擊所致。而金屬疲勞便是由金屬打造的飛機的先天缺點之一，而且要長期受到反複的力量才會造成破裂。要說明這個缺點如何發生，讓我們先了解"應力集中"的現象。

　　不管那種材料受力後，都有這個現象。我們看到皮帶受到一拉一扯的力量時，如果有切開的裂縫，那麼裂縫的兩端一定各打一個小圓孔，否則這條縫便會愈來愈大了。這是因為皮帶受力時，不能平均將力分配到各部分來共同分擔，卻集中到裂縫的兩端來支撐，當然會吃不消，這種現象便稱為"應力集中(Stress Concentration)"。有了這兩個圓孔，便可將力量分散開來。

　　金屬製成的部件，雖然要求嚴格，質地要均勻，難免有要用顯微鏡才可看得出的細微裂縫，但若是在內部的裂縫便無法察查了。只要長期受到反複之力時，應力集中現象便會開始搗亂，所以要定時更換金屬部件，才能以策安全。

(b)　激光衝擊波處理技術

　　激光的中文名為"雷射(LASER)"，是從英文名稱的5個字中，取每個字的第一個字母組合而成的，望英文而生義，便知道是用弱光激發出強光的現象，可以說，是以拋磚引玉的方式產生的光。先以光子照射到某種物質(例如紅寶石)，使得其原子中的外層電子(能量較高)被刺激而掉入較內層的軌道，使其把多餘的能量釋放出來，而激發出單色的定向集束強光，如圖4-19所示的一例。

圖4-19

　　目前，雷射光已有廣泛的應用，從工業方面用以切割、銲接，到光碟機、甚至美容方面，多不勝數。如今所發展的"激光衝擊波處理技術"(LSD)，專門用於對金屬材料的處理，以強化並增加其防腐蝕的能力。額外的好處是：不需接觸到要處理的物件，也不會使此物件受到過熱而受損。軍方利用此新技術以增加戰機的抗疲勞性及抗腐蝕性，增加戰機的安全，節省維修成本，延長使用壽命。

(2) 複合材料的諸多優點

(a) 什麼是複合材料

我們的老祖宗早就知道：將稻草或麥稈摻入黏土所製成的磚塊，蓋成更耐用的房屋；用薄綢和漆黏結而製成的漆器，既輕巧美觀又經久耐用。

所以複合材料(Composite Materials)是指：「由兩種或兩種以上的不同物質，以不同方式組合而成的材料」它們之間的性能可互相截長補短，具有重量輕、強度高、工業成形方便、彈性良好、耐化學腐蝕等諸多優點。已逐步取代木材及金屬合金，廣泛應用於航太、汽車、電子工業及建築等領域。為了滿足航太等尖端科技的需求，先後研製了以高性能纖維，像碳纖維、硼纖維及碳化硅纖維為增強劑的複合材料，民航客機所用者主要為碳纖維的複合材料。主要產品為機翼、垂直尾翼和機罩等。還有用複合材料製成的直升機旋翼，其疲勞壽命較金屬製品長達數倍。

(b) 用複合材料製造民航機

美國波音公司在Farnborough國際航展中，展出了一架新型的787型夢幻機(Dreamliner)，見圖4-20，此機是用塑膠製造的。該公司總裁穆拉利並宣稱，未來也會將現有的737型飛機改製為非金屬，而用複合材料製造所有飛機，因為這種材料既不易有金屬疲勞現象，且比金屬更難腐蝕，比傳統鋁金屬製的飛機還要輕，預估可節省20%的耗油量。

圖4-20

　　歐洲空中巴士公司也表示：要計劃以這種重量更輕的複合材料製造新一代的飛機，以節省燃料。該公司在2008至2009年製造出一系列低成本、採用複合材料的新型機種，以取代目前暢銷的A320系列飛機。

(十一)靜悄悄的飛機也將問世

(1)　噪音的危害

　　還有，飛機所發出惱人的噪音，不僅影響學生的學習情緒，還會讓人心煩意亂，降低工作效率，甚至令人血壓升高進而影響健康，尤其是住在機場附近和在航道下的居民更是深深被噪音困擾。所以科技人員也在努力研發噪音較小的飛機。聲音的強度是以分貝(dB)為單位計算的，一般以30到40分貝，算是安靜區；在飛機起降時，機場的噪音可達90分貝以上，當年的協和號超音速客機更高達110分貝，幸好現已停飛了。請注意，每高10個分貝，噪音的程度卻是大了整整100倍啊！

(2) 英美科學家合作研製靜音客機

雖然要讓飛機沒有噪音是不可能的，但設計一種噪音低的飛機還是可行的。英美的科學家們便在努力地研發中。他們主要著眼於改進引擎，以減少噪音。

大規模改變機身的整體設計如下：

- 一般飛機的引擎都安裝在機翼下面，於是引擎發出的巨大吼聲被機翼反射，向地面集中，如此就變成更大的噪音了。研究人員考慮將引擎安置到機身的上面，並藏在機身之內。

- 起落架的形狀毫無流線性的形狀，與空氣高速摩擦時，破風聲隆隆作響，也會增加噪音。因此科學人員希望在降落時延遲放下起落架的時機。

- 在本章第8節提過：渦輪風扇有減少引擎噪音的好處，所以研究人員把渦輪風扇的半徑加大，也可降低些噪音。

- 取消了尾翼，減少阻力和噪音。

依據以上的理念，40人的研究團隊，歷時三年，設計出如圖4-21的飛機，外型像一整片的機翼，大小相當於波音767型客機，預估在2030年投入市場。

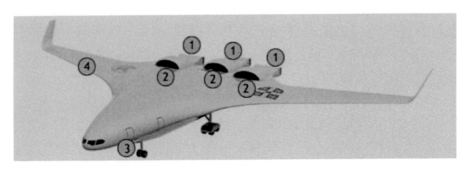

圖4-21

① 三具可改變噴射口大小的引擎，以保持最佳的巡航效率。

② 三具引擎的吸氣口，緊貼在機身，可改善邊界層效應，參閱第3章圖3-4。

③ 先進的機身設計，使機身也像機翼般，可產生升力，而得到優良的升力／阻力比。

④ 在巡航時可獲得理想的" 橢圓形的升力分佈 "，也就是說：這時可以得到最佳的升力／阻力比。請參閱任何古典空氣動力學，或本書第3章第2節第3段。

註：升力／阻力比愈大，表示升力最大、同時阻力最小，這個比數可說是測量機翼性能的一支量尺。

(十二)氫燃料飛機在美國已研製成功

作者在大學求學時的一位老師蔡篤恭博士，在德國寫的博士論文便是"氫發動機的設計"，口試委員問：氫氣會自燃，多麼危險呀！蔡老師答辯稱：愈是危險，大家都就會特別小心注意，便更安全了！

報載：美國Aero Vironment公司已成功地完成了利用液氫作動力的飛機，他們先將機上攜帶的液氫與從空氣中得到的氧所組成的燃料，對特殊的電池(Hydrogen Fuel Cell)充電，所產生的電力便用來驅動的推進器。這架很像滑翔機、名為"地球觀察者(Global Observer)"的飛機，在機翼前沿裝置了8具推進器，可攜帶1000磅的荷載(Pay load)在55000～65000呎的高空，連續巡航7天之久。這當然屬於軍事用途，更進一步的細節，尚在保密中。可以肯定的是，這是一架如假包換的綠色飛機，除噪音以外，絕不會造成任何污染。

第五章
談談幾種飛行的本領

(一) 那些基本的飛行本領

首先，飛機當然要能起飛，而且很平穩地起飛；接著能順利且迅速地爬升到預定的高度。然後加速到預定的空速作平直飛行，就是所謂的巡航。需要改變航向時，能夠平順地轉向到預定的航道上；到達目的地後，便要能平穩地降落。

這些動作都應該是安全的、俐落的，在受到本身或外來因素的影響而變化時，必須能夠克服這些變化，而圓滿地達成任務。

(二) 巡　航

(1) 最佳巡航空速的決定

(a) 升力要恰好，阻力要最小

飛機巡航時，機翼所產生的升力L，既要正好等於飛機的總重量W；推力T也必須等於總阻力D(見圖2-1)。所以要盡一切方法把各種阻力減至最小，才可以把推力也減至最小。我們看到：飛機剛起飛，便立刻把起落架(Landing Gear)收藏了起來，小飛機如無法辦到，也要在輪子外面裝上流線型的罩子(見圖3-3a)。其實連飛鳥也曉得把雙腳收縮而緊貼著身體，同時也把頸子往前伸，目的都是為了減少阻力。如何產生適當的升力；如何儘量減少各種阻力，以及如何產生適當的推力，在前面三章裏都分別介紹過了。

(b) 功率曲線決定空速

飛機引擎所能供應的功率(用馬力作單位)，以及飛機飛行時所受到的總阻力，都是隨著空速而變化的(見圖5-1)。

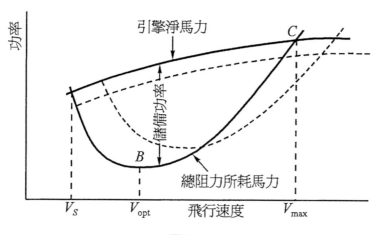

圖5-1

　　在曲線左邊的A點，空速為最低，升力係數(Lift coefficeient)為最高(參閱圖2-10)。這時的攻角稱為失速攻角，這個最低的空速稱為失速速度V_s。升力既是最大，這時的誘導阻力也是最大，佔了總阻力的極大部分(參閱圖3-11)，而把引擎所能供應的淨功率消耗殆盡了。

　　隨著飛行速度的增加，攻角跟著減少，總阻力也隨之下滑到谷底(B點)。B點所對應的速度便稱為最佳巡航空速，最為省力，用V_{opt}代表。候鳥居然生而知之，也採用這個速度作長途飛行。

　　空速再增加時，寄生阻力卻是按照空速的平方而迅速增加，阻力曲線又開始很快走高，而把引擎所給出的淨馬力耗盡；這時兩條曲線又相交於C點。這C點所對應的空速，便是飛機所能得到的最大飛行速度，以V_{max}代表。

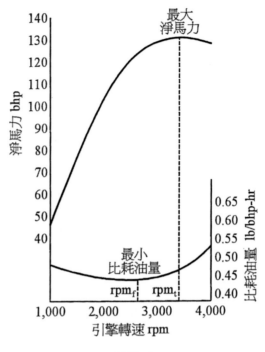

圖5-2

　　除非有所必要，例如在爬升時，宜儘量避免使引擎處於最大馬力輸出的狀況下工作過久，以免磨損過度而縮短引擎的壽命。圖5-2中下面的曲線表示引擎的耗油量(Fuel consumption)隨轉速的變化情形，曲線的最低點便代表最小的耗油量，這時的轉速用RPM_f代表。我們可以看出：RPM_f稍低於RPM_t。巡航時，總要以節省燃料為著眼點，這時便要把引擎轉速維持在RPM_f附近(在轉速錶的綠線區)。

(2)　飛行高度對功率的影響

　　地球被一層厚厚的空氣團團地圍住，地心引力也使得愈接近地面的空氣其密度也愈大；然後隨著高度的增加而逐漸變得稀薄。

　　然而飛機是在一定的高度巡航的；可是引擎是要靠空氣助燃，空氣變得稀薄，馬力自然也減小了。如圖5-1中虛線所示的曲線，便是高度增加後，引擎所能發出的功率和總阻力的變化情形。可以看出：儲備功率(也就是可以用來推進飛機的功率)變小了，V_S、V_{opt}和V_{max}都隨之稍為增加了。

(3)　風向對巡航的影響

　　理想的情況下，飛機是在靜止的空氣中飛行。事實上，大氣並非是靜止的，空氣在地球表面各處對流，並且上下層之間也互相交流，這便是風。

　　如果風速比空速小得多，當然對巡航的影響很小。可是風速相當大時，便不可以馬虎了。若空速為200公里，當遇到時速為30公里的順風(Tail Wind)時，飛機會飛得更快，使得實際的空速變為230公里；例如華航班機在每年春間可從台北直飛紐約；否則便必須在阿拉斯加停留而加油。

　　如果遇到時速為30公里的頂頭風(Head Wind)時，實際的空速祇是170公里而已。在起飛時，頂頭風卻有縮短跑道的好處；因為頂頭風和相對風的方向是一致的，有相加的效果，使得相對風的速度增加了。而升力是和相對風速度的平方成正比的，所以升力很快便會大到把飛機抬升起來。在後面介紹起飛的一節中，便有實例說明。

　　橫向風(Cross wind)卻會把飛機往一邊、或向上、向下吹，使得飛機順著風向飄移，而偏離了航道。這就要靠儀器才能察覺，再由機師對機首的航向作適當的修正(圖5-3)。

　　機首所指的方向稱為航向(Heading)，由第七章所要介紹的航向表指出。無風時飛行的路線(術語稱航跡)就在航向上，若遇到橫向風，機首勢必適度地偏向來風方向，航跡便不在航向上了。

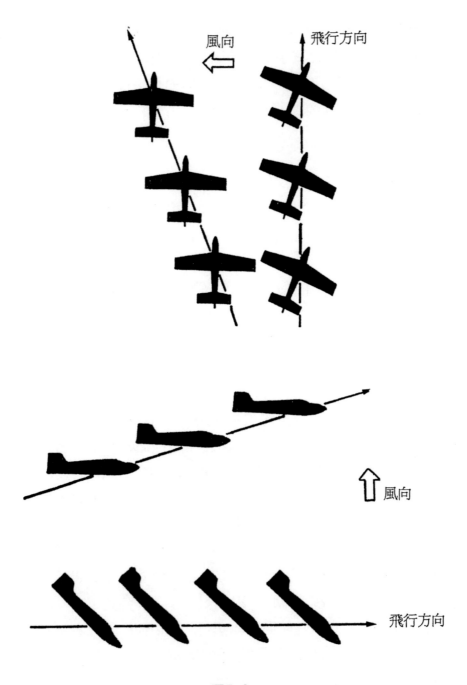

圖5-3

(4)　螺旋槳扭力效應對航向的影響

　　從駕駛室望出去，螺旋槳是順時針方向旋轉的，既然能夠把飛機往前推，可見扭力之大！根據牛頓的第三運動定律，飛機本身也同時受到一個逆時針方向的反作用力，造成飛機向左邊側滾(Roll)的傾向。在巡航中並不察覺，那是因為當初設計時便已考慮到了這個效應，而予以糾正；例如：故意把引擎裝得稍許偏左、或者故意把左邊機翼的攻角稍為加大些。這樣一來才可以使得飛機在巡航時，能夠維持著直線飛行，而不需機師一直去勞神糾正。

　　當然，扭力效應會隨引擎發出的馬力、空速和飛行高度而變得更為顯著，甚至必需作些糾正。

(5)　螺旋狀氣流對航向的影響

　　我們在船尾可以看到螺旋槳轉動時，所激起的浪花，也是作螺旋狀向後退去的。同樣地，螺旋槳也會激動著空氣，作順時針方向的螺旋狀向後流動。一如大部份的飛機，都是將螺旋槳裝在機首，於是螺旋狀氣流便圍繞著機身流向後方(見圖5-4)，而有一束氣流打到垂直安定面(Vertical stabilizer)和方向舵(Rudder)上，飛機便產生了向左偏轉的傾向。

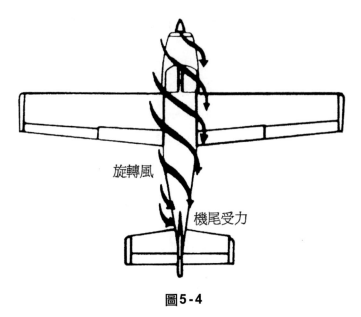

旋轉風

機尾受力

圖5-4

此外，流經機身上部的氣流，因坐艙的阻礙，便不如流過機身底部那麼順暢了。於是造成了多餘的摩擦阻力，也會使得飛機有向左偏轉的傾向，這也是應當予以糾正的。

（三） 爬 升

（1） 爬升需要額外的推力

圖5-5表示飛機爬升時所受到各種力量的分析，在平衡狀態下，飛機的重量W可以分解成為兩個分力：一個是和升力L，大小相等、方向相反的分力W_1，另一個分力W_2卻和總阻力D的方向相同。所以推力T便應該等於$D+W_2$，才能夠維持飛機的等速爬升，這個W_2便是爬升時所需要的額外推力。

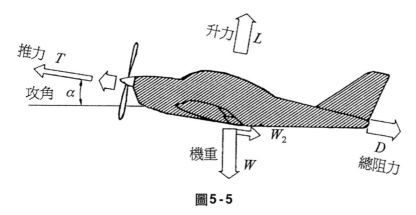

圖 **5-5**

　　顯而易見地，爬升的角度愈陡，W_1 愈為減小，而 W_2 卻愈為增加，這就是需要更大推力的原因。在垂直爬升時，便要推力大於重量加上總阻力，火箭的升空便是如此；例如：V2 火箭的推力是它本身重量的 2.1 倍。

　　飛機的體能狀態可以從圖 5-1 看出，爬升的本領如何，更要以此圖為依據。圖中斜線所覆蓋的區域，便表示這架飛機的中氣不足，有多少的餘力可以用來作爬升或加速之用。當然面積太大也顯得不相稱，而且浪費。就像二、三十年前，美國汽車講究馬力大，三四百匹馬力是常有的事。其實在高速公路上行駛時，頂多三、四十匹馬力便已相當足夠了；只有在超車加速時，才可顯示威風。當然軍用戰機的需求不同於民航飛機，也就另作別論了。

(2)　爬升率的計算

　　舉個例子，若飛機的重量為 1361 公斤，空速為每小時 161 公里，在水平直飛時，需 40 匹馬力的功率。若將油門大開，引擎滿載運轉時，可以發出最大的推進功率為 100 匹馬力。於是有了 60 匹馬力的儲備功率(用 ΔP 代表)。這時若把機首抬升，就要用這個儲備功率來爬升。因為爬升率(Rate of Climb)，乘以機重，便等於儲備功率。所以很容易便可以算出此例的爬升率 RC 為：

$$RC = \frac{\Delta P}{W} \times 4562.5 = \frac{60}{1361} \times 4562.5 = 201 \quad 公尺／每分鐘$$

(3)　影響爬升率的一些因素

　　前面說過，空速不同，儲備功率ΔP也會不同，爬升率當然也就不同。而且也只有兩條曲線的最大距離處(見圖5-6)，ΔP才是最大，也就是爬升率才是最大。它所對應的空速用V_{RCM}代表，是個很重要的指標；比它大或小的空速，都得不到滿意的爬升率。

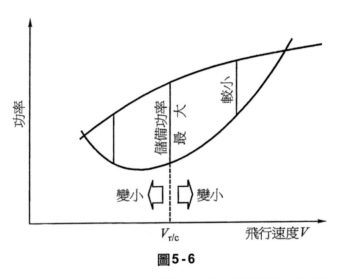

圖5-6

　　飛機爬升時，空氣會漸漸地變得稀薄，引擎馬力也隨之漸漸減弱。以美製Cessna Skylane RG型四座小飛機為例，在水平面的爬升率為每分鐘347公尺；而在2438公尺的空中，爬升率減到每分鐘只有138.7公尺，甚至不到一半。一直爬升到某個高度，引擎會吸不到足夠的空氣而無力再爬，以致發生失速現象，我們稱為最大高度(Service ceiling)；對這架飛機來說，它是4359公尺。

(四)　陀螺儀旋進效應對飛行的影響

(1)　淺談陀螺儀

螺旋槳不僅會造成前面所敘述的：扭力和旋流效應。因為螺旋槳作高速旋轉時，就像陀螺儀(Gyroscope)的轉子一樣，會產生旋進(Precession)運動，而造成飛機向左偏轉的傾向。

陀螺儀的原理，雖然要用到很高深的數學來分析，但本書試著採用物理的基本概念來解說。

(a)　回想玩抽陀螺的遊戲

抽陀螺確是一項很有趣的遊戲，我國早在宋朝便有了這種玩具，很多人小時候都曾玩過。陀螺一般是用木頭做成的，很像個梨子，底部有個尖足，可以立在地上打轉。先用一條細繩做成的鞭子，繞在陀螺外面多圈，然後猛將繩子一拉隨即拋出，陀螺便以尖足落地而飛快旋轉。可以看到一個奇怪的現象：如果陀螺站立得不直而歪斜了，它不但不會傾倒，並且繼續保持這個傾斜度，沿著圓周L而繞z軸擺動，這就叫做旋進(見圖5-7)。

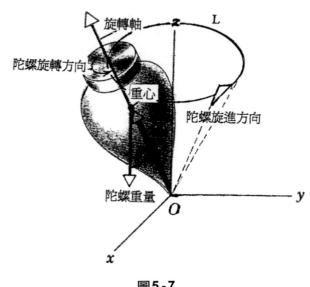

圖5-7

(b) 陀螺儀是慣性導航的靈魂

　　我們都聽過慣性導航這個名詞，它用於航空、航海已經很久了，主角便是陀螺儀(見圖5-8A)。元件包括：高速旋轉的轉子(Rotor)，由內平衡環(Inner Gimbal)以軸承支撐著。內平衡環又由外平衡環(Outer Gimbal)以軸承支撐。最後，外平衡環由基架(Base)以軸承支撐著。基架通常固定在飛機或船舶的水平位置，如果內平衡環只能左右轉動，那麼外平衡環便只能作前後的轉動。

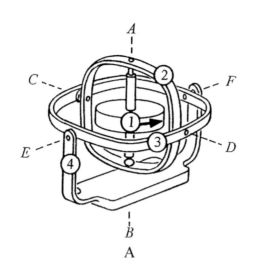

A

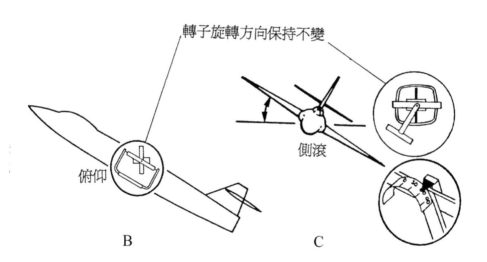

轉子旋轉方向保持不變

俯仰

側滾

B

C

圖 5-8

　　根據牛頓的第一(慣性)定律：物體在不受到外力作用時，靜者恆靜；可是當轉子作高速旋轉時，卻會一直依著原來旋轉的方向旋轉著。這時，不管基架是如何隨著飛機或船舶作前後(俯仰)或左右(側滾)的運動，內平衡環和轉子卻始終保持著原來的方向(例如圖中的垂直位置)。這簡直就和磁性羅盤的作用完全相同 — 只是指著一個預定的方向。它還有個特別的優點，那便是不會受到附近含鐵物體的影響，所以比磁性羅盤還更精確呢！

　　如果在基架和外平衡環上刻著度數，便可以指出飛機或船舶的俯仰或側滾的程度。再輔以自動控制系統，便可以依據這些數據而控制升降或方向舵，使機、船歸正航道。這就是慣性導航的基本道理，而高速旋轉中的轉子可以說是它的靈魂。

(c)　何謂旋進效應

　　陀螺儀除了上述的「羅盤」特性以外，另一個特性便是前面所述，玩陀螺時所看到的「旋進」現象。

　　參考圖5-9，如果轉子靜止不動，那麼加力於內平衡環(讓我們以後簡稱之為內環)時，此環便帶著轉子順著加力的方向，而繞$C-D$軸轉動。加力於外平衡環(同樣，也簡稱外環)時，外環便帶著內環以及轉子一同繞$E-F$軸而轉動，各個轉軸的方向，參閱圖5-8A。

　　可是當轉子繞著$A-B$軸作高速旋轉時，情況便大不相同了。見圖5-9，如果加力於外環(如箭頭所示)時，內環卻帶著轉子繞$C-D$軸而偏轉，方向正好和受力的方向互相垂直。若加力於內環(如箭頭所示)，外環卻帶著內環和轉子一起繞$E-F$軸而偏轉，方向也是和受力的方向互相垂直。這個奇特的現象，便稱為旋進。

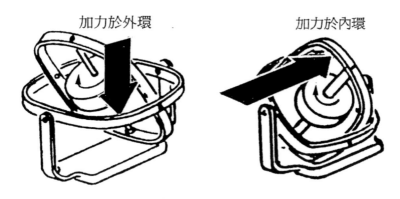

加力於外環　　　　　加力於內環

圖5-9

　　再舉個最簡單的陀螺儀(Top)為例(圖5-10)，是在市面上可以買得到的玩具，比我們兒時所玩的木陀螺複雜些，但道理還是相同。

　　從圖可知，外環沒有了。先用長的細繩繞著也是輪狀的轉子軸多圈，然後用力一拉，轉子便飛快地旋轉起來了。這時把僅有的內環支架的一端放在支柱P上，另端是懸空的。奇妙的事發生了：內環和轉子不但不掉下來，來而繞著支柱穩定而緩慢地向左旋轉呢。

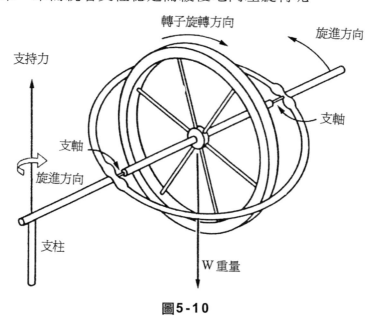

轉子旋轉方向　　　　旋進方向

支持力

支軸

支軸

旋進方向

支柱

W 重量

圖5-10

這個例子更加容易說明螺旋槳的旋進作用，將螺旋槳比照轉子，而機頭比照內環，於是旋進現象使得飛機會有向左偏轉的傾向。

(d)　為什麼會有旋進現象

這個怪異的現象，完全出乎我們常識判斷之外，必須用到高深的數學，才能分析並且証明。這裏，我們試就物理概念，來說明它的道理。

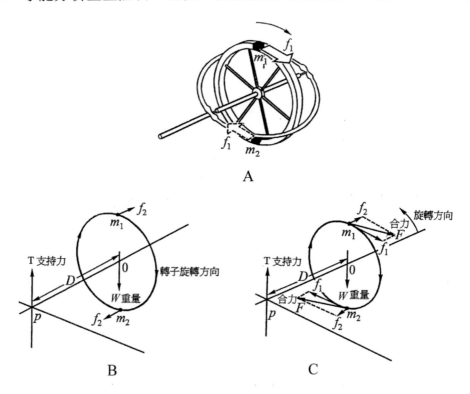

圖5-11

先用長細繩拉動轉子，使之作飛快的旋轉。參看圖5-11A，為了使說明容易、清楚起見，我們只選取轉子上兩個上下相對的質點m_1和m_2來考察。轉子帶著m_1和m_2飛快地繞軸轉動時，顯然在切線方向都受到了一個大小相等的力量，用f_1來代表。

這時，立即把陀螺儀支軸的一端放在支柱P上(參見圖5-11B)，這等於在內環上加了個力T，因為是支持陀螺儀的力，所以此力T是向上的。根據反作用定律，這力T當然和陀螺儀的重量W相等，而且方向相反；因此T和W構成了一對力偶，大小等於$W×D$，而D是轉子重心0和支柱P間的距離。顯然這對力偶會有使得轉子從支柱上掉下來的傾向(事實上，如果轉子是靜止的，陀螺儀肯定會掉了下來)。於是轉子上的質點m_1和m_2，在沿著轉子的旋轉軸方向，也分別受到了一對大小相等、方向相反的力量f_2。而這兩個力量也構成了一對力偶，其大小也是等於$W×D$，這對力偶，有使得轉子沿著轉軸方向而轉動的傾向。f_1和f_2正好是互相垂直的，它們的合力為F。牛頓第二運動定律告訴我們：質點m_1和m_2勢必沿著合力F的方向運動。於是，轉子便帶著陀螺儀繞P點而作逆時針方向轉動，以適應F的方向。而F的方向又在不斷地改變，陀螺儀便也一直在適應新方向而平穩緩慢地作逆時針方向的旋進運動。

(e)　旋進效應對飛行的影響

螺旋槳快速旋轉時，不就和陀螺儀的轉子一樣嗎？機首就像圖5-10中的內環。飛機即使是在作水平的直飛，機首受到這個旋進效應，也會有不斷向左偏轉的傾向。

尤其是當飛機要起飛，在跑道上奔駛加速，引擎發出了最大的馬力，螺旋槳全速轉動而機首抬升時(見圖5-22)，螺旋槳也受到很大的抬升力，旋進效應便會變得更加顯著。

(五) 滑 翔

(1) 最佳滑翔角

(a) 滑翔時的推力來自本身的重力

就像騎自行車下坡一樣,騎士並不需要踩踏板,而自行車便載著他毫不費力地悠然下滑。那是因為騎士的體重加上車重,在沿著斜坡方向有個分力,這便是下坡時的推力了。

可以說:飛機有兩個推力的來源:一個是要靠燒燃料才能產生的推力,不論是活塞式或噴射式;另一個便是不需用燃料而能產生的推力,就像前面所提到的自行車一樣。只要將機首稍為朝下,便產生了這個不需燃料的推力。我們稱這種力為滑翔力W_1(見圖5-12),滑翔機和翱翔的飛鳥都是靠著這股滑翔力飛行的。

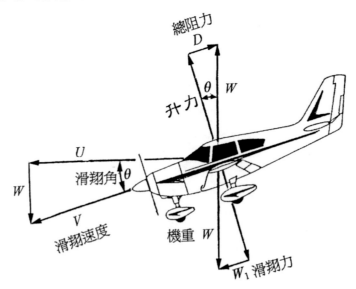

圖5-12

　　圖5-12說明飛機滑翔(Glide)下降時，所受到各種力量的分析。滑翔降落時，引擎處於怠速(Idling)狀態，而不產生推力，飛機重量在滑行方向的分力W_1，變成了唯一的推力，這就是剛才提到過的滑翔力。而在垂直於滑行方向的分量W_2，正好和升力相等。

(b)　穩定滑翔的最佳滑翔角

　　在穩定滑翔時，滑翔力正好和總阻力相等而互相抵消，也就是：$W_1 = D$。滑翔速度(也就是滑翔時的相對風速度)V在重力方向的分量，在此用w代表，就稱為下降率(Rate of Descent)了。

　　滑翔速度V和水平方向的速度分量U之間的夾角θ，便叫做滑翔角(Glide Angle)。當然滑翔角要愈小愈好，才可以滑翔得愈遠。

　　既然在滑翔降落時，引擎是處在怠速狀態，引擎幾乎沒有淨功率輸出。於是圖5-1中，上面的那條淨馬力曲線退化到零，而變成了一條和速度軸重合的直線，如圖5-13所示。

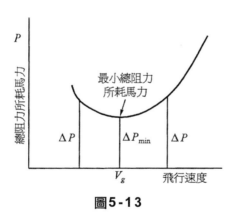

圖5-13

可是滑翔也還是飛行，所以飛行時的總阻力曲線仍然不變。因此 ΔP 就是曲線的縱座標了。只有總阻力最小時，所消耗的功率才是最小，用 ΔP_{min} 代表。當然這時的滑翔角才是最小。其所對應的飛行速度，又稱滑翔速度而用 V_g 代表，實際上，V_g 就是圖3-10中的 V_{opt}。同理，這時機翼的 L/D 比當然也是最大值。所以，升力／阻力比也是滑翔效率的標尺。設計得很好的機翼，它的 L/D 比值也最高；滑翔時，它的滑翔角 θ 也是最小，能滑翔得既久又遠。

　　圖3-11所舉的例子中，機翼的 L/D 比值達到24之高，其中的總阻力 D 只是指機翼本身的各種阻力之和。但是機身、水平和垂直控制面也都會造成阻力。所以整架飛機的總阻力比圖中的 D 為大。這樣一來，實際的升力／阻力比便降到15左右。一般的噴射客機便是如此，它們的滑翔角約為3.8度。

(c)　升力／阻力比值的重要性

　　若波音747-400客機的飛行高度為10公里，萬一四具引擎全部都熄了火，以3.8度的滑翔角來說，飛機也可以靠滑翔飛行150公里之遠！這在歐洲或美洲大陸，很容易地找到附近可以迫降的機場。

　　再看看協和號SST，當她下降時，攻角為14度；可是機身和水平間的夾角是11度。稍加計算，便可以算出滑翔角是：14度-11度＝3度了。

　　所以，當飛機滑翔下降時，攻角應該能使 L/D 的比值，維持在最大值為宜。如果攻角大於此數，升力就會增加，誘導阻力以致總阻力也就跟著增加，而且增加得比升力還多，這就意味著：L/D 比值減少了。

　　從圖5-12中的 L、D、W 三邊所組成的三角形可以看出：若升力／阻力比值減少，滑翔角 θ 便會變大。這就意味著 W_2 也增加了，使得滑行的速度加快；空氣的摩擦阻力也因而增加。這又促使了滑翔角 θ 的增加，飛機重力在滑行方向的分力 W_2 又再增加。如此惡性循環的結果，θ 不斷

地增加，以致飛機栽了下來，而釀成不幸事件。所以在滑翔時，務必要保持最佳的滑翔角飛行，是非常重要的事情。

(2)　滑翔的應用

(a)　飛鳥也知道藉滑翔來省力

在第二章中曾經提到過，有些飛鳥會利用上升氣流，而盤旋騰空，展開巨大(也就是展弦比很高，如圖2-27所示)的翅膀，盡量提升自己。然後採取最佳的滑翔角，向前飛行。再去尋找下一個上升氣流，如此週而復始，不費氣力地向目的地進發。

例如美國賓州的鷹山(Hawk mountain)，有條狹長且陡峭的山脈。數千年來的秋天，是許多侯鳥南遷必經之路；因為每年這個季節，強勁的北風以及東北風吹向山脊的側面，造成了有力的上升氣流，提供侯鳥群攀升之用。如果季風暫時停了，牠們便去尋找上升的熱氣流，或者乾脆棲枝休息，以等侯季風的再次來到。

即使展弦比並不高的鳥，例如鴿子，也懂得在空中滑翔一會兒以獲得喘息的機會。

不少小鳥，牠們會連拍幾下翅膀，努力爬升，然後便接著滑翔，等降了一些高度時，又拍翅爬升(見圖5-14A)。

另有一些小鳥，先振翅爬升，向上飛衝，然後收起雙翼，就像一枚炮彈，沿著拋物線滑翔一陣。如此周而復始而向前飛行，真像衝浪般，看起來非常有趣(見圖5-14B)，尤其在水面上常可見到。

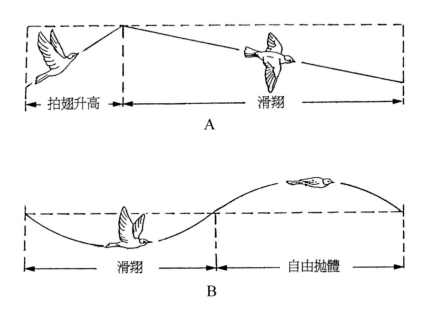

圖5-14

(b)　滑翔原理可使滑雪跳躍跳得更遠

　　滑雪跳躍是一項主要的冬季運動，運動員首先借助滑道加速，然後從跳台躍下。以前所慣用的方式是：儘量從加速滑道上加速，然後以大約4～6度的仰角升空，就像拋物線般地落下；當然是升得愈高便跳得愈遠(見圖5-14軌跡A)。

　　曾幾何時，卻有了革命性的改變，既然要在空中飛行一段時間，何不借助於空氣動力學呢？於是便利用了滑翔原理。首先要增加飛行速度，才可以增加升力，而且滑翔得更遠。所以將上翹的跳台改為向下傾斜11度而跳下，以增加速度的目的。同時運動員把身體的姿勢，儘量向前壓低到與雪翹板平行。而雪翹板也比平常的長，有2.6公尺；這樣可以使運動員和雪翹板的底面組成了機翼剖面的形狀(見圖5-15的右上角)。一躍而下時，相對風宛如吹過機翼而產生升力。若攻角控制得宜，能夠

得到最佳的滑翔角而滑下，確實是可以跳得更遠的；根據經驗，以40度的攻角滑下，最為適當，可以跳得最遠(如圖中的軌跡)。攻角太高，會造成失速；攻角太小，會增加滑翔角。兩者都會跳得不遠，而且可能發生危險！

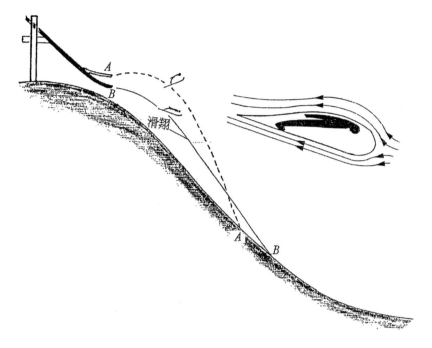

圖5-15

這種方法，還有別的好處；從圖可以看出，軌道顯得相當平坦，而且距離地面祗是5～6公尺而已。所以能夠輕盈地著陸，而不必擔心身體受震呢！

(c)　鼯鼠真是滑翔高手

有種能飛的松鼠，就叫鼯鼠(Flying Squirrel)，牠們棲息在樹幹的洞中。並不是真的能飛，就如圖5-16所示，只是伸開四隻腳，展開了藏在腹下特有的飛膜，從這棵樹滑翔到另一棵樹，就像天方夜譚中的飛行

魔毯一樣，但也只能短距離滑翔，不是真的飛行。

　　然而鼯鼠的確是個滑翔高手，懂得控制滑翔角、風向和操縱方向，才能夠準確地從這棵樹飛到那棵樹；猴子卻要靠長樹籐才能辦得到的呢！

圖5-16

(3)　太空梭靠滑翔而重返地球

(a)　從太空返回地球之路何其狹窄

　　太空梭升空時，除自身攜帶了一大箱的燃料外，又帶著兩枚大火箭，才能產生足夠的力氣，把太空梭以足夠的速度，突破地心引力的作用而進入預定的太空軌道去運行。

　　當太空梭的任務完成後而向地球還航時，所有的燃料差不多都用光了。便要靠滑翔才能穿過大氣層而返回地球，這時的太空梭，卻變成一架有史以來最大又最重的無動力滑翔機了(見圖5-17)。

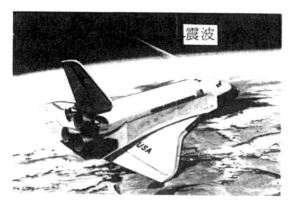

震波

圖5-17

　　俗話說：天堂路窄。想不到太空梭要返回地球時，也是如此。從120公里高的外太空，返回大氣層的路只有8公里寬；而且只能以5.6～7.2度的角度才能安全地切入大氣層。如果切入的角度小於5.6度，太空梭就會像扁石塊被甩向池面，只見石塊在水面上跳躍地掠過，太空梭也就永遠回不到地球來了。如果切入的角度大於7.2度，太空梭則會變成以自由落體方式墜下的金屬塊，在大氣層就被燒毀。

(b)　從太空返回地球之路也很崎嶇

待太空梭進入大氣層後，便按著預定的軌速，又不可減速太急，以不超過6個g(見下節的說明)的負加速度為限，否則太空人的身體是無法負擔的。

於是太空梭從極音速減到超音速、跨音速而最後變成了次音速。在每個階段，都有各自不同的空氣動力特性，要採用不同的滑翔角，不可有差錯。著陸時，太空梭仍然有320公里的時速，在跑道上衝刺，而且要滑行2400公尺之遠才能停得住。

太空梭的雙翼很小，滑翔性能便大受限制，幸好，和協和號SST飛機一樣，由於它的雙三角翼所產生額外的渦流升力(見圖2-35)，而得到補償。

順便一提：太空梭以如此的高速，穿過大氣層而重返地球，雖然選擇了最佳的滑翔角度；但產生的震波，仍是非常強烈的，圖中畫出了震波的形狀，所以太空梭的外殼材料要特別講究，以免被震波後產生的高溫所燒損。

(六)　轉　彎

(1)　轉彎時可要保持平衡

(a)　舉個騎自行車的例子

騎自行車轉彎、或繞圓圈打轉時，一定要連人帶車向轉彎的方向作適度的傾斜，否則轉的彎，不是太大便是太小，甚至很有可能摔個人仰馬翻！因為轉彎時所產生的離心力，若是太大或不夠，都會把人和車都推倒了。彎轉得愈急，或車速太快，都會造成太大的離心力；於是必須把人和車向內側傾斜的角度適度地加大些，才可以抵消離心力而得到平衡，使得轉彎的動作能順利完成。

　　在這種要求下，飛鳥也懂得用尾巴來操縱身體的傾斜度，以獲得平衡；其他如爬升或降落，也都是靠尾巴來控制而完成的。

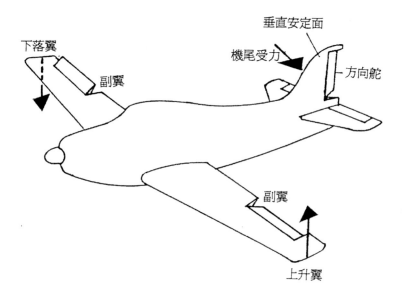

圖5-18

(b)　飛機的轉彎也不例外

　　同樣的道理，飛機的機身也必須作適度的傾斜，才能平穩地轉彎(Banked turn)。譬如向右轉彎時，只要踩下右踏板，方向舵便會折向右邊，而產生一股空氣動力，把機尾往左邊推，機頭因而向右轉了。

　　為了抵消離心力，也必須同時將操縱桿推向右邊，使得右邊的副翼(Aileron)朝上折；左邊的副翼朝下折。這樣一來，所產生的空氣動力便會促使機身向右傾斜(見圖5-18)，術語稱為側滾(Roll)。因為有了這個傾斜，才會使得飛機的重量在水平方向產生一個分力L_h；如果傾斜度適當，正好和飛機轉彎時所產生的離心力F_c大小相等，兩者便互相抵消了(見圖5-19)。

可是，升力是垂直於機翼的，機身既然作了某種角度的傾斜，升力在重力方向的分力顯然變小了，以致不夠支持飛機的重量W而降低高度，我們當然不希望如此。所以在轉彎及機身傾斜的同時，也要使升力相對地增加；讓升力在重力方向的分力L_v，正好等於機重W。這樣飛機的高度才不會下降，才能確保了飛機順利平穩地作水平轉彎。

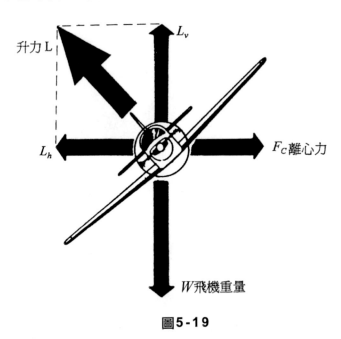

圖5-19

(c)　再介紹個新名詞 —— 負荷係數

為了要使飛機能平穩地轉彎，勢必增加升力(見圖5-19)；問題來了：飛機的結構強度是否吃得消？會不會把骨架給折散了？其實飛機在設計時，便已經根據用途而決定了它所能承受的最大負荷，絕不可以超過這個限度。

在這裏我們又要介紹一個術語：負荷係數(Load factor)那便是轉彎時所需的升力和飛機重量的比數。例如一架W公斤重的飛機，作60°的

傾斜而平順轉彎時，負荷係數便是2了(見圖5-20)；特技表演的飛機可以高到6之多。

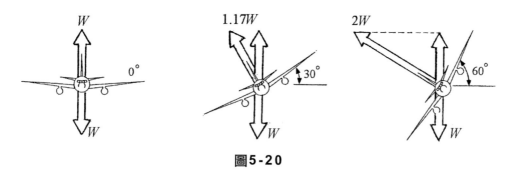

圖5-20

負荷係數按飛機的用途不同而有所規定，可在駕駛室的標示可以得知。

(d)　轉彎時的空速不可太低

從圖5-19可知，由於轉彎所需的機身傾斜，勢必增加升力才行，這已在剛才談到過了。而增加升力可由增加攻角而辦到，但誘導阻力也隨之增加了。阻力既然增加，空速便因而減少。然而空速可不能小於失速速度啊！所以要加大油門，以增加引擎的輸出馬力，使空速高於失速速度。

有個公式可以算出這個失速速度，它是和負荷係數的平方根成正比例的。舉個例子；當機身作60°的傾斜而轉彎時，負荷係數是2，平方根便是1.414；如果作水平直飛時的失速速度是每小時110公里，那末轉彎時的失速速度便是每小時156公里。所以轉彎時的空速決不可低於此數才會安全。

(e) 飛行姿態表可以指出轉彎是否正確

顯然機身所傾斜的角度,是依轉彎半徑和空速大小而決定。如果傾斜得不夠,分力L_h比離心力F_c小,飛機會被L_h往外推,稱為偏滑(Skid);傾斜得太大,飛機又會被離心力F_c往裏推,稱為側滑(Slip)。這兩種情況都會對穩定造成負面影響。

在駕駛室內有個叫飛行姿態表(Turn coordinator)的儀表(見圖7-3),可以指出機身的傾斜角度是否正確,有無偏滑或側滑的情形。

(2) 再談失速速度

失速是個非常嚴重的問題,輕則機身顫抖顛簸,重則高度驟降,甚至失事。所以如何控制失速,是一門非常重要的訓練課目。美國私人飛機駕駛員(Private Pilot)便要通過至少60個失速控制的測試才能及格,對民航機師和空軍飛行員的要求當然更是嚴格得多了。

失速速度當然是愈低愈好,為了對它多一些了解,請看下表:

襟翼狀態	動力	機身傾斜角度			
		0°	20°	40°	60°
未伸出	怠速	72	74	82	102
未伸出	有推力	69	71	79	98
伸出30°	怠速	64	66	73	91
伸出30°	有推力	55	57	63	78

從上表可以看出,除了機身傾斜會增加失速速度外,還有:

- 襟翼伸出後,升力增加、則會使失速速度「降低」,這是我們喜歡的。
- 引擎處於怠速狀態,螺旋槳無實際推力,則會使失速速度增加。

(3)　什麼是g

(a)　g就是重力加速度

物體從高處落下時，會愈落愈快，也就是速度在增加中，而有了加速度，我們稱為重力加速度(Gravitational acceleration)。這是由地心引力所引起的，以每秒增加9.8公尺／秒的速度而累增。這個數字——「9.8公尺／每秒每秒」便是一個g。居住在地球上的人類和其它生物，都已習而不察。只有太空人登上月球，才感受到「月」心引力只是地心引力的六分之一，所以他們在月球上身輕如燕而「雀躍」不已。

(b)　以g來度量加速度

科學上，喜歡用重力加速度來度量別的加速度；一如喜歡用音速來度量高速飛行器的飛行速度。

上面說過，飛機作急轉彎時，所造成的離心加速度很大，對飛機的結構和人體都有很大的影響。那個負荷係數便是g的倍數，例如飛機作60°傾斜而轉彎時，飛機所受的離心加速度便是g的兩倍。

當加速度大於g時，人體的血液循環會不良，很多人當從蹲姿猛然起立時，會感到一陣暈眩。人體受到2g的加速度時，會使視覺的末梢神經衰退；6g的加速度會使得手也抬不起來了，甚至有會突然失去知覺的危險。所以，駕駛超音速戰機的飛將軍，必須穿上抗g衣來保護。在胸部以下，充以加壓氣體，這樣可以限制血液往下衝到胃部和腿部，而能保持頭腦的清醒。

在空戰的電影中，有時看到飛機作急轉彎時，飛行員的臉部表現出受煎熬的神情。想想看，頭顱的平均重量約為9公斤，受到6g的加速度時，等於頭部受到了將近54公斤的推力，加諸在頸部上，當然吃不消！所以飛機上裝有電腦，控制著加速度不致大到危險程度。前面提到太空梭重返地球而減速時，也以不超過6g為準。

　　我們在遊樂場，便可聽到坐在雲霄飛車上的人們在大呼小叫的驚駭聲，叫人也跟著緊張。美國時代周刊曾報導過加州的一家遊樂場的飛車，加速度居然可達4g之高！難怪場主嚴格要求，不准心臟不夠強的遊客去試。

(七)　起　飛

(1)　飛機能起飛的條件

(a)　先看鳥類如何起飛的

　　鳥兒起飛比起飛機是方便得多了，當然是牠們的體重輕得太多。只要雙腳先一蹲，接著用力一蹬，同時急拍翅膀，便可以凌空飛起了。當我們走近一群鴿子時，常會聽到一陣很響亮的啪啪聲。原來是牠們在作緊急起飛呢！為了能得到最大的升力，以致雙翼上舉得太多而互相碰擊出聲了，可以想見是多麼費勁！

　　例如野鴰的翅膀雖然寬大(見圖5-21)可以迅速起飛。但是翼度很小，以致升力／阻力比值也很小，還不到5。所以牠飛得很費力而且又飛不遠。當狐狸走近時，即刻振翅而逃命；不久便累了而落地。狡狐又追，牠又飛，飛不遠又落地。如此折磨幾次，可憐的野鴰便精疲力盡而束「翼」待擒，做了狐狸的一頓美味大餐。

圖5-21

(b)　起飛最是費力

　　飛機起飛也是最耗燃料的，例如巴西製50座的小型客機，型號是
EMB-145，從海平面起飛而爬升到1500公尺高時，費時只是2.1分鐘，
便耗去了67公斤的燃料；如換算以小時為單位，折算為每小時耗油1920
公斤。而在7600公尺的高空，以每小時434公里的空速巡航時，每小時
的耗油量只是839公斤而已，相差2.3倍之多！

　　奇妙的是，鳥兒也懂省力之道；牠們會逆著風起飛，以增加相對風
的速度。所以喜歡棲息在枝頭上、電桿上或高牆上；要起飛時，只要先
作個短暫的俯衝，輕而易舉便可取得足夠的速度，以產生足夠的升力而
凌空飛翔了。

(2) 如何取得足夠的升力來起飛

只有升力大於飛機的總重量,才能起飛。而升力是由相對風的攻角和速度所決定的,讓我們分別敘述如下。

(a) 藉襟翼來增加攻角

為了增加攻角,當然要使出第二章所介紹的法寶,即便是把襟翼伸出來。但伸出襟翼會增加阻力,反而使得飛機不能充分地加速。兩相權宜之後。在起飛時,只能適度地伸出襟翼,目的是在減少加速衝刺時所需的跑道長度。

圖5-22A表示一波音客機起飛的情形,前緣翼條伸出到1的位置;後緣的襟翼也完全伸出到4的位置(參看圖5-29)。

圖5-22A

(b)　在跑道上衝刺以增加速度

　　飛機在跑道上加速時，引擎使出了渾身解數，發出了最大的馬力(圖5-22)，直到快得超過了失速速度，此時的升力為最大(見圖2-10)，大到可以將飛機抬升起來。

　　可是，再看圖2-10可知：在失速速度附近是很危險的。如果攻角稍為因空氣中的擾流(又稱亂流)而增加，升力便會驟降。所以，為了保證起飛的安全起見，起飛速度V_R(Takeoff Speed)通常都設在以20%高於失速速度為宜。

　　當飛機在跑道上奔馳而達到起飛速度V_R時，機師便扳起升降舵，使飛機抬頭，騰空而起，爬升而去。

　　此外，空氣的溫度、密度、濕度以及風向都會影響所需的跑道長度。還有風向也會影響跑道長度，但要保持飛機在跑速的中央滑行。

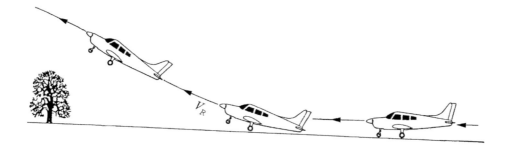

圖5-22B

(3)　爬　升

　　當飛機在跑道上加速而達到V_R時，升力便足以抬起飛機，而進入了爬升的階段。以波音747-400型大客機為例，V_R約為每小時260公里，機首抬頭約10°，但不超過12°，以免尾部撞及地面而受損。如果以V_{RCM}(參見圖5-6)的速度爬升，便可得到最佳的爬升率。

(4) 舉個單引擎小飛機的例子

讓我們看一個小飛機的起飛的例子:如果伸出襟翼20°,那麼所需的跑道長度,以及飛越15.24公尺(50呎)高的障礙物所需的距離。這些距離當然會因飛機重量、風速、空氣溫度和機場位置的高度而有所不同,列表如下:

飛機重量 (磅)	頂風時速	海平面起飛,溫度50℉		7000呎高原起飛32℉	
		跑道長度	50呎距離	跑道長度	50呎距離
2100	0	335	715	560	1100
2100	30	75	260	160	450
2650	0	575	1080	965	1835

從上表可以知道:

• 頂著風起飛,等於增加了相對風的速度。升力是和相對風速度的平方成正比的, 所以升力增加很多。

• 高原地帶的空氣稀薄,密度較小。升力是和密度成正比的,所以升力也減小;飛機想要得到起飛速度,自然需要更長的跑道。

• 飛機的重量增加,所需要的升力更大,當然需要更長的跑道了。

• 空氣的溫度增加會使密度減少,升力因而減少,這當然需要更長的跑道。一般來說:溫度每增45℃,跑道便需要增長10 %。

(5) 飛機從航空母艦上起飛的方法

附帶一提,有讀者一定會想到,噴射戰鬥機所需的跑道一定很長,而航空母艦上的空間有限,根本不可能供給足夠長的跑道,讓戰機衝刺,以達到起飛速度。那麼,他們是如何起飛的呢?

原來航艦上有種叫做蒸汽彈射機(Steam Catapult)的設備(見圖5-23)，裝置在甲板下面。利用高壓蒸汽來推動活塞，使活塞帶動著鋼索來拖曳飛機向前衝。就像我們玩彈弓般，將小石子用勁地射了出去。蒸汽力量之大，可使戰機在只有61公尺長的甲板跑道上，便得到4g(也就是每秒每秒39公尺)的加速度。飛機離開甲板時，可以得到每小時248公里的起飛速度；而波音747-400型的巨無霸客機的起飛速度約是每小時257公里。

電影中，我們可以看到，當戰機從航空母艦起飛後，有一股白色的蒸汽衝上甲板來，那便是從彈射機所洩出的。

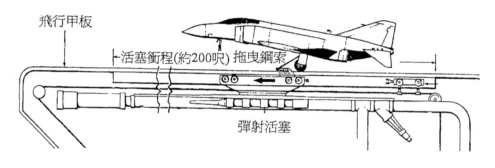

飛行甲板
活塞衝程(約200呎) 拖曳鋼索
彈射活塞

圖5-23

有飛機起飛時，航空母艦也會轉到朝頂頭風的方向，幫助飛機得到更大的相對風，以利起飛。

(八)　降　落

(1)　先看飛鳥的降落

降落(Landing)是飛行中最難的一項操作，連飛鳥亦是如此。作者曾看過一群飛鳥降落時，有些新鳥落地時，跌跌撞撞甚至栽了斛斗。

　　圖5-24是一頭老鷹著陸的情形，張開了一雙雄健的翅膀，那種氣勢，真是威儀萬千。首先，牠懂得要靠滑翔自空中降下；快到地面時，便伸出雙腳，全面展開雙翼和尾部羽毛，並且將翅膀兩端的長羽毛轉向前方(見圖2-30)，也張開大拇指(見圖2-44)。為的是要增加升力以降低速度，幾乎到了失速的狀態，這時離地只有幾公分而已，雙腳便輕盈地著陸了。

圖5-24

(2)　飛機的降落

(a)　降落的基本原則

　　基本上來說，降落是起飛的逆過程。先從滑翔狀態過渡到著陸(Touch down)，隨即在跑道上滑行以迄停住。為了要儘快停下來，以縮短所需跑道的長度，當然要用煞車。

　　早期的航空前輩們，仿照鳥類的技巧，用所謂的全失速(Full stall)方法著陸，而把升力增加到最大值處(參見圖3-8)，便可知道這時所對應的空速，稱為失速速度V_s，是飛行得最慢的空速。若技術高超，在V_s時，飛機正好開始平飄(Flare)而著陸。但稍一不慎或由於不能控制的因素，以致真的發生失速現象，後果就嚴重了。不像鳥類一樣，只是趺跤而已。

　　當飛機以最佳的滑翔角滑下而接近地面時，機師便將起落架放下，並且將襟翼全部伸出(圖5-25)使升力增到最大，空速減到最小，慢到可以讓飛機安全地下降。這個最慢的空速，仍然應該比失速速度高出20％，以策安全。大型飛機甚至要高出30％之多！

降落時襟翼完全伸出

圖5-25

(b)　降落的過程

　　從美國直飛荷蘭Amsterdam市的波音747-400型客機，在英倫上空便要開始降低高度了，而以穩定的落降率滑翔而下。當降到約460公尺的高度時，所有各種的襟翼都完全伸出，使得空速減到每小時210～260

公里，這時當然也放下了起落架。

　　作者好友王興中先生是Airbus A300執照機師，交通大學獲碩士學位後，在美國受過嚴格的飛行訓練。承他將起飛及下降的標準過程告知作者。

　　在學飛行時，落地實在是最大的挑戰。首先要有一個很穩定的下降，能保持一定的空速和落降率。太高太低、太快太慢，都會引響落地過程的完美。見圖5-26，當飛機飛過跑道頭，距離地面約15公尺，再降一些高度，在飛機接近地面時，把機頭一拉，油門一收，讓飛機在跑道上平飛，術語叫做平飄。因為推力沒有了，空氣阻力使得飛機更加減速，升力也跟著減小，飛機也就慢慢下降而觸地。但仍要保持機首在上的姿態，繼續利用空氣阻力來減速。同時加上對橫向風的修正，保持飛機在跑道的中心線上。所有動作都要在同一時間內一氣呵成，才算是個完美的降落。

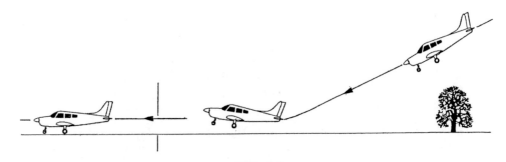

圖5-26

　　1999年8月某日傍晚，在香港因天氣惡劣而出事的某班機，經專家判定，便是因下降時速度未能控制得當而釀成此禍。

(c)　在跑道上的減速滑行

　　飛機著陸滑行的同時，必需減速直到停住。小飛機只要踩煞車便可。至於大飛機，尤其是噴射機，機師便將位於上翼面的擾流板豎了起

來(見圖5-27)，目的是要故意破壞邊界層，以激起亂流，產生很大的空氣阻力，幫助把這龐然大物停下來。圖中所示的飛機還放下了半圓弧形的倒流板對著噴口，使噴射向兩邊逸出而幫助煞車。

　　下次搭乘飛機時，讀者朋友不妨坐在靠近機翼的窗位，起飛可以看到機翼前後緣的條翼和襟翼全都伸出的盛況；降落及著陸滑行時，還可看到擾流板奮戰激流的精彩一幕。功成身退後縮回原位時，又露出獨木舟狀的反震波體了，真是有趣。

　　還嫌減速得不夠時，還要把噴口周邊上所裝置的逆流板(Thrust reverser)伸展出來，迫使噴射折向前方吹送，而達減速的目的。

圖5-27

　　有些軍用飛機，還得靠展開裝在機尾的降落傘來拖住飛機，以求迅速減速。降落到航空母艦上的飛機，還要借助裝在甲板上的鋼索來鉤住，鋼索的另兩端接在強力的彈簧上，才能把快速滑行的飛機拖住停了

下來，彈簧是藏在甲板下面的。

　　除此以外，還有一些別的方法用來使飛機減速。

(九)　來認識我們所常搭乘的巨型客機

(1)　前緣延伸板

　　第二章第七節中，曾經介紹了幾種可以增加升力的法寶。有些巨型飛機雖然用了前緣縫翼，但還嫌增加得不夠。於是在機翼的前緣部份，又加裝了可從下翼面延伸出去的前緣延伸板(Krueger flap)，又叫翼條，如圖5-28所示。

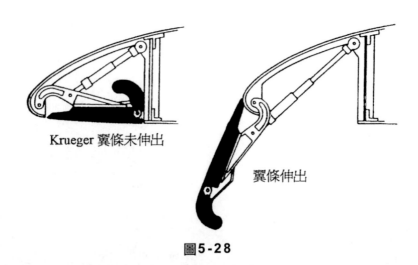

Krueger 翼條未伸出

翼條伸出

圖5-28

　　在巡航時，便將這前緣延伸板折回到前緣的下面，作為下翼面的一部分。在起飛或降落時，靠強力的液壓系統將它向前推出。這樣一來，不僅加大了翼弦線(參閱圖2-7)的弧度，也增加了機翼的面積，當然雙料地增加了升力。可惜，阻力也如影隨形般地增加！因此，起飛時襟翼不能全部伸出。

其實，所有的襟翼、起落架都是靠這位液壓大力士來推動的。所以，每當飛機起飛或降落時，我們都可聽到一陣陣隆隆的馬達轉動聲，從腳下的甲板底下傳出，那表示液壓系統在忙著執行任務了，你便可以看到襟翼在向外伸展或收縮回去。

(2)　起飛或降落時，各種襟翼、翼條的位置

從圖5-29中，我們可以瞭解常搭乘的大型客機，在起飛或降落時，各種襟翼及翼條的位置。

在前面提到過，飛機起飛時，為了不使阻力增加太多，襟翼祇能部份伸出，才可以使得所需的跑道最短。這時，各種襟翼及翼條的位置，如圖中的位置1及3所示，這時的起飛速度V_R約為每小時250公里。

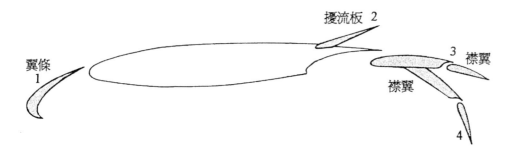

圖5-29

飛機降落時，反而希望阻力愈大愈好，可以幫助減速。所以把襟翼充分伸出，如圖中的位置4所示。還要抬起擾流板(如圖中的2所示)，其至伸出噴口的逆流板，強迫噴射轉向前噴，把推力變成了阻力，目的都是幫助減速。

(3) 多謝大鳥為我們辛勤工作

除了在飛機起飛或降落時，可以從窗口看到襟翼、翼條，甚至擾流板的動作外。在巡航中，還可以看到機翼後緣上的副翼(參閱圖5-18)，不時地上下擺動，而且左右翼的副翼動作是相反的，左上便右下。那是因為飛機受到小亂流的擾動而左右搖擺(術語叫側滾)，副翼便會及時糾正，以保持飛航的平穩。

如果窗口位在機翼前面，起落時還可以看到前緣的延伸板及縫翼伸張了出來的英姿；還可以看到渦輪風扇在飛快地旋轉。

有了對本書的瞭解，來印證一番實際的情形，會減少一些旅途的寂寞。

(4) 雄健的翅膀有時也會抖動

看到窗外的機翼，有時會因為遇到了亂流而上下抖動不已(見圖5-30)，這時機身也會顛簸。我們看了不必心驚肉跳，因為機翼是金屬製成，而金屬都具有彈性。亂流對機翼飽施拳打腳踢，金屬因彈性而上下跳動。

大飛機的機翼很長，看起來真擔心會折斷似的。其實，支持巨翼的翼樑(Spar)是由特殊材料製成，非常堅韌，而且通過千錘百鍊的疲勞試驗(Fatigue test)，當然是萬無一失的，我們不妨看作大鳥在歡欣鼓舞著雙臂呢。

作者曾從航空科技影集中，看過一架雙引擎飛機，在風洞中作疲勞實驗。只見那兩具懸吊在機翼下面的引擎，正隨著機翼的上下振動，而大跳狄士可舞；真像一位挑水的村姑在疾行，水桶在看似柔軟的扁擔兩端激烈晃動，叫人提心吊膽。經過了如此嚴酷的試煉，機翼和引擎的懸吊系統，卻是毫髮無傷呢！

機翼上下抖動

圖5-30

(十)　什麼叫做線控飛行

(1)　液壓系統太笨重

飛機的控制面如方向舵、升降舵、各種襟翼等等，都是靠液壓系統這位大力士來操縱的。液壓系統是靠高壓泵，用每平方吋三千磅的高壓將特殊的油劑(Hydraulic fluid)通過強韌的鋼管，輸送到各個控制部門去執行任務，所以這套系統非笨重不可。汽車所使用的液壓剎車系統，就怕油管破裂而剎車失靈。在空中飛行的飛機，尤不允許這種事情發生，於是波音747-400型巨機便備有四套獨立的液壓系統，以策安全。這樣一來，便可以想見何等笨重了。

(2)　短小強悍的馬達充任大力士

如今，電動機(俗稱馬達)已經做得相當進步，扭力既大體積又小，於是用作操縱控制面，以替代笨重的高壓泵及鋼管，加上電腦的飛躍進步，只需控制用的信號電流，通過電線，便可操縱馬達而完成控制面操作的任務。因而大量地減輕了重量，這就是所謂的「線控飛行」(Fly by wire)，造價當然也減低了。至於液壓系統是靠鋼管傳遞控制力量，便

叫「管控飛行」(Fly by tube)。

　　歐洲的空中巴士(Air Bus)公司所出品的A300型飛機，便是採用線控飛行。

(3)　我們要嚴格遵守航空安全規則

　　在這個高科技時代，當然用電腦來控制馬達的動作；也就是說，流過電線的控制電流是脈衝式的方形波(又叫數值化電流)。而我們所普遍使用的光碟機和行動電話，也是發射這類形的電波。如果給安裝在客艙地板下面的電線收到了，控制馬達便無法分辨出是否是機師所發的指令，那末，升降舵或方向舵就會不知所從而天下大亂，以致造成可怕的災難！舉個實際的例子：1999年8月3日，從成都起飛的一架班機，當機師在準備降落北京機場時，發現飛機竟偏離了航道三十度之多！查出有位李姓旅客忘記了將行動電話關上，當然這位旅客因違反了民航規定而受到了處分。

　　此外，個人用電腦、數據照相機及掌上遊戲機，雖然不發射電波，可是在使用中，如果機件的品質不佳，脈衝電流所產生的感應，也會穿過客艙地板而干擾電子控制系統。

　　這就是為什麼在飛機起飛的十五分鐘內以及降落時，機長要求乘客不得使用這類機件的理由。知道了它的嚴重性，也就不敢掉以輕心了。

(4)　光控飛行

　　數據化的脈衝信號，可以用光纖管(Optic fiber)傳遞，不會受到電磁波感應的干擾。但尚未普遍使用，這種系統叫做「光控飛行」(Fly by light)。

(十一) 空中防撞系統

　　尤其在飛機起降頻繁的半空中，為了防止發生飛機互撞事故，國際民航組織規定：凡最大起飛重量在5700公斤或載客19人以上的飛機，都必須安裝"空中防撞系統(TCAS，Traffic Collision Avoidance System)"，見圖5-31是此系統所使用的顯示器。

圖5-31

(1)　工 作 原 理

　　我們都知道，蝙蝠飛行時，不斷向前方發出脈衝式的超聲波、這聲音是我們人類所聽不到的，如遇到阻礙，聲波便被折回，蝙蝠便更改飛行方向。

　　TCAS是由詢問器、應答器及電腦所組成。問、答兩器分?發出不同週率的脈衝式電波。當同一空層附近有飛機時，立刻觸發對方飛機的應答器回應。電腦便根據一問一答間所費的時間來算出飛機間的距離：同時根據方向天線定出兩機間的相對位置。監視範圍一般為前方30公里：上下方3公里。向駕駛員及時提供信息與警告，讓雙方機師都有5到40

秒的時間來採取必要措施。若情況緊急，這兩架飛機會在15到35秒鐘相撞，TCAS便會發出"決斷信號(RA)"而向較高的飛機大叫："爬升！爬升！"，另一飛行較低的飛機也跟著大叫："下降！下降！"而相互讓道，避免了不幸。

(2)　舉兩個實例

　　2002年，在德國南部上空，有架俄國客機接到航管中心發出的指令，卻正與TCA發出的警告相衝突。按規定後者的指令應該高於塔台的指令，可惜駕駛員竟未予理會，而醞釀成了大禍！

　　另一個案例就幸運多了，2006年11月16日遠東航空306班機在韓國便發生一件空中驚魂事件。該班機自桃園機場飛往韓國，10：04接仁川航管中心指示：將飛機高度由39000呎降到31000呎，才降到34000呎處，航管中心要求該機保持在這個高度飛行。就在這瞬間，防撞系統發出警告，在相同的高度有另一泰航班機接近，機長當機立斷將飛機緊急下降到30000呎，才避開了這次災禍。雖然因緊急下降而使部分乘客受傷，但仍屬大幸！

第六章
如何才能得到
穩定的飛行

(一)　飛機的俯仰、側滾和偏轉運動

　　行駛中的汽車，只能沿著路面的起伏和彎曲，而作前後(術語為俯仰)和左右(偏轉)的運動。在空中飛行的飛機，還可作左右搖擺(側滾)的動作。

　　為了分析方便起見，便用正坐標的三個互相垂直軸，貫穿著飛機的重心，如圖6-1所示，作為上述三個動作的基準軸。

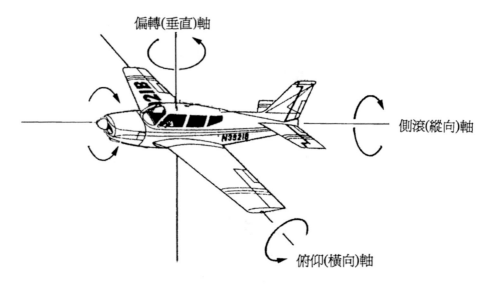

圖6-1

　　一根是從機首到機尾的縱向軸，飛機可繞此軸作側滾(Roll)，是靠機翼外側後緣的副翼(Aileron)來控制。副翼和前述用作增加升力的襟翼(見圖2-44)形狀相似，也是鉸接在機翼的後緣，可作向上或向下的運動。但左右兩邊的副翼動作正好相反，由機師用操縱桿(Control stick)控制，當左邊的副翼向下折時，左翼的升力便增加；同時右邊的副翼向上折，右翼的升力卻減少，於是飛機便向右側滾了(圖6-2)。若將操縱

桿向相反的方向動作，飛機便會繞著縱軸而向左側滾，這可由第七章所要介紹的轉彎協調儀來指示。

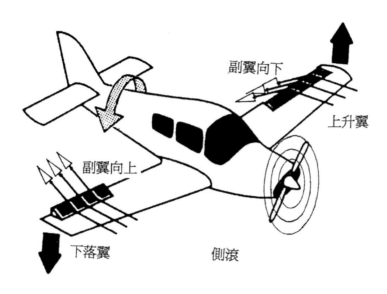

圖6-2

　　另一根是從翼端到另一翼端的橫向軸，飛機繞此軸可作機首朝上朝下的俯仰(Pitch)運動。是由機尾的升降舵(Elevator)所控制。當舵向上折時，水平控制面受到向下的空氣動力，而使機首向上翹起而開始爬升。也是用操縱桿操控的，當機師作相反動作時，機首便向下沉。

　　第三根是從上往下貫穿飛機重心的垂直軸，飛機繞此軸可作方向改變之用，稱為偏轉(Yaw)運動，是由鉸接在垂直安定面後緣的方向舵(Rudder)所控制。

　　其實，偏轉和側滾是密切關連的。例如飛機轉彎(偏轉)時，為了抵消離心力，機身勢必要作某種程度的傾斜(側滾)。籍第七章所要介紹的轉彎協調儀及姿態表的顯示，我們便可以知道機身所作的傾斜是否適度。

(二) 穩　定

(1)　穩定的重要

　　如果飛機作水平直飛時，副翼、襟翼、升降舵和方向舵都保持在中性位置(Neutral position)，是不是一直能維持著水平直飛呢？

　　大氣層中的空氣一直在不斷地循環，大地的表面也是隨山川而起伏著，所以空氣不可能是靜止的。遇到陣風或亂流，都會改變相對風的攻角；也就是說，相對風對機翼的攻角也隨之發生變化，升力也隨之改變，甚至兩邊的機翼所產生的升力有時也會不等。這樣便會使得航行中的飛機產生俯仰、偏轉或側滾中的一種或多種運動。

　　所以，飛機本身必須能自己產生一種力量，來抵消這些不受歡迎的運動，而恢復到原來的狀態，這便是下面要討論的穩定問題。

(2)　穩定的定義

　　飛行中的飛機，受到擾動後，能自動產生一股力量，且很快地使之恢復原狀，這才是我們所希求的穩定。

　　圖6-3說明了三種穩定的狀態，那就是：良性穩定、中性穩定和負性穩定，前者才是真正的穩定，分別介紹於下。

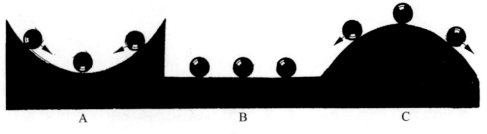

圖6-3

(a)　良性穩定

　　如圖6-3A所示，鋼球放在凹面的容器中，在靜止狀態時，便停留在碗底位置。如把鋼球從碗底沿著碗面往上推撥，它本身的重量便會把鋼球沿碗面而滑回碗底，幾經振盪後，便又停到原來的位置，非常穩定，稱之為良性穩定(Positive stable)。飛機和船舶便需要這種穩定，一經擾動，它便能自動地恢復平衡，所以又稱為動平衡(Dynamic stability)。

　　這裏舉個遊艇的例子，圖6-4A表示遊艇在靜止的平衡狀態下，浮力正好和重力都落在一條通過重心(c.g.)的線上。如果一個浪衝過來或是一陣強風吹過來，把遊艇推向一邊而傾斜，如圖中6-4B所示，看起來要翻船了！這時，浮力也偏離了中心線，和重力構成了一對力偶，這對力偶的方向正好和遊艇的傾斜方向相反，卻把艇身扶正，也是經過幾次的小幅搖擺，船身便又挄復到原來的平衡狀態了。

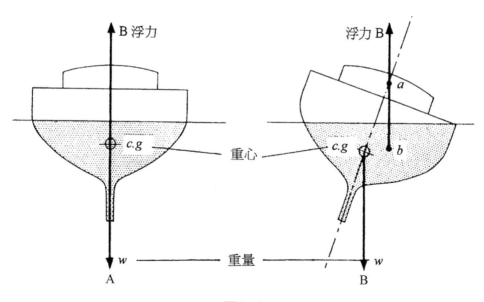

圖6-4

(b)　中性穩定

　　如圖6-3B所示，鋼球放在平板上，只要受到任何的撥動，便會沿著受力的方向而偏離原位，沒有自動回到原來位置的本能，隨遇而安。顯然，這種穩定是不可取的。

(c)　負性穩定

　　如圖6-3C所示，將鋼球放在凸面的頂上，不用說，只要受到些許擾動，鋼球便滾了下來，而且一發不可收拾！所以稱之為負性穩定(Negative stable)。這種根本就不穩定的狀態，是決不可以在在於飛行問題中的。

(3)　飛機俯仰運動的穩定

　　在飛行中的飛機，遇到不穩定的氣流(又稱亂流)時，相對風的攻角便會發生變化，因而產生前面所說的俯仰、偏轉及側滾的運動的部分或全部。如果不立刻制止，不是俯衝而下，便是失速墜落，實在可怕！設計良好的飛機，而且裝載也是按照製造廠的規定安排，其穩定性應該是良性的。

　　現在我們來討論，如何才能得到良性穩定。

(a)　光靠機翼得到的是負性平衡

　　機翼的受力情形，可以簡化為如圖2-13所示的說明，那便是：升力L(作用在空氣動力中心a.c.)和力矩M_o(逆時針方向)。如果把飛機的總重量(機重加上載重)的重心c.g.，適當地安置在a.c.的後方，如圖6-5所示，藉以制衡M_o而得到平衡。所以，飛機重心的配置，對飛機的俯仰平衡是非常重要的。

可是，這種實屬靜平衡的穩定是經不起考驗的，例如：當遇到上升氣流(也屬亂流)而使機首上翹時，攻角便增加了，當然升力也增加了。這種平衡便遭到了破壞，因為升力的增加，反而使機首更加上翹，而一發不可收拾，這就是所謂的負性穩定。

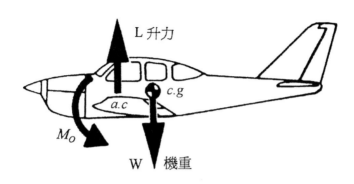

圖6-5

(b)　水平安定面才是俯仰穩定的功臣

所以，航空科學家便要想出達到俯仰平衡的方法，那便是在機尾處，加裝水平安定面(Horizontal stabilizer)，實際就是一對小的對稱機翼(見圖2-7，它的平均曲線成為一直線，上下翼面的彎曲度相同)，升降舵便裝在它的後緣，而且採用負攻角(見圖6-6)。於是水平安定面便受到一個向下的空氣動力F1，同時還要把重心c.g.移到空氣動力中心a.c.的前方。

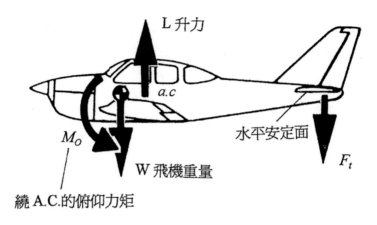

圖6-6

　　例如，飛機遇到亂流而機首往上翹時，相對風便增加了對機翼的攻角，以致升力L增加，機首因而更往上翹。可是，相對風對水平安定面的攻角也是增加的，這卻抵消了一些水平安定面的負攻角，因而減少了方向朝下的F1，機尾隨之上升。由於慣性作用，機尾升得過了頭而比機首稍高，使得機首反而朝下。這一朝下的剎那，卻減少了攻角，也因而減少了升力L，機首下降；同時，在機尾上升的剎那，水平安定面的攻角負得更大，朝下的F1也增加得更大，機尾被壓了下來。這種慣性所造成的往復運動擺幅會愈來愈少，幾次便歸於平衡了（見圖6-7）。搖擺的次數愈少，俯仰運動便愈為穩定，這便是良性穩定。

俯仰幅度愈來愈小

圖6-7

　　民航客機對俯仰運動的穩定要求很高，輕型飛機及戰鬥機便不需要太穩定，以增加操作的靈活性。

(c)　載重的分佈也很重要

　　剛才提到過，為要使飛機的俯仰運動得到穩定，重心c.g.只能安置在a.c.的前方，從圖6-6可知，這個變化的範圍實在有限。到美國大峽谷乘坐過小飛機觀光的讀者便知道，在上飛機前，駕駛員要先對乘客們估算重量，再安排座位，目的便是要把重心落在規定的範圍內，而且也同時顧到兩邊的重量差不多，使飛機不會有傾斜的情形。

　　載重的分配如此重要，但也不可超載。因為太重時，為了要獲得更大的升力，駕駛員便把機首稍稍抬高，用增加攻角的方法來增加升力。這可做不得，如果遇到亂流而使機首更往上翹時，攻角可能會達到失速的危險程度。

(4)　飛機偏轉運動的穩定

(a)　垂直安定面

　　我們看到屋頂上安裝的風向指示標，又叫風信雞，雞頭總是指向風的來處。風向改變時，雞頭也立即會改變。那片雄雞身，實在就是垂直安定面。

　　在機尾所豎立的垂直安定面(Vertical stabilizer)，便是依據同樣的道理，而擔當了偏轉穩定的重任。只有垂直安定面順著飛行的方向時，飛機所受的阻力最小。

　　當飛機水平直飛時，若受到擾流而偏轉，相對風便吹到垂直安定兩(又稱尾翼)的迎風面上，而產生空氣動力，把尾翼推向另一邊，而使機又回到原來直飛的航向。當然，由於慣性的緣故，也會像俯仰運動的穩定一樣，要經過幾次往復的搖擺，而回到原來的航向，這又叫做方向穩定性(Directional stability)。

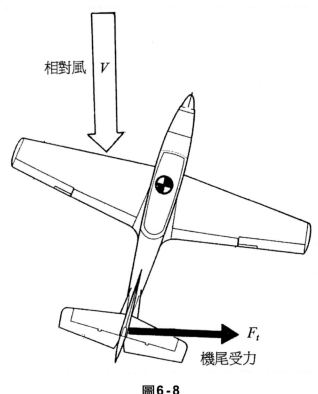

相對風　V

F_t
機尾受力

圖6-8

(b)　梯形機翼也可增加方向穩定性

　　還有個增加方向穩定性的方法，便是將雙翼的前緣，稍向後掠而形成梯狀(Tapered leading edge)，見圖6-9。道理也很簡單，當平直飛行的飛機受到亂流的擾動，而向左偏轉時，右翼的有效迎風面積，這時卻變得比左翼的大，因而會受到較大的阻力，便把右翼往後拖，於是飛機又回到原來的航向了。

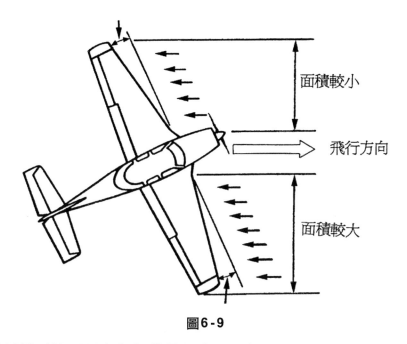

圖6-9

這種梯形機翼還有個附帶的好處,那便是把機翼的空氣動力中心a.c.,稍向後移,而有助於俯仰運動的穩定。

我們人類的祖先早就懂得應用這個道理,而在箭桿的尾端裝上了四片有後掠形狀的羽毛,來作為穩定飛行之用(見圖6-10)。

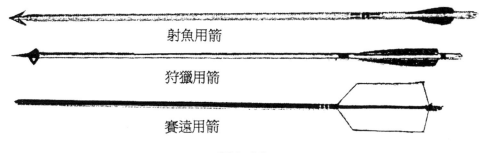

射魚用箭

狩獵用箭

賽遠用箭

圖6-10

(5)　飛機側滾運動的穩定

(a)　看兀鷹的翅膀微微上翹

　　先看圖6-11中的兀鷹，在空中翱翔時，雙翼是微微地向上翹起，其目的就是要保持身體的平穩，不致因遭遇到亂流而引起側滾，造物主也給了牠們這個本能！

上反角

圖6-11

(b)　側滾可引起側滑

　　飛機在飛行中，難免不會受到亂流的擾動，使得一邊的機翼下降，而另一邊的機翼上升，如圖6-12所示，這就是術語所稱的側滾。這樣一來，飛機的重量W便會在下落翼方向產生了一個側向分力W_s，迫使飛機沿著這個方向而滑動，稱為側滑(Side slip)。所以，側滾卻引起了側滑。

　　可是，飛機如此向斜下方側滑時，造成一股相對風分量V_s(當然是和W_s的方向相反)，吹向垂直安定面，推動著機尾，使得飛機向下落翼的方向發生偏轉。這時，側滾不僅引起了側滑，而且還引起了偏轉。如果尾翼愈大，偏轉的程度也就愈大。

　　我們當然不能容忍這種情況惡性發展下去，而希望會產生自制以及恢復原狀的力量。

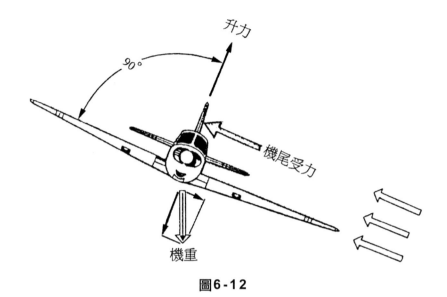

圖**6-12**

(c)　幸好側滾運動會適可而止

　　如果一邊的機翼受到了上升氣流而被往上推，飛機便會向另一邊發生側滾，見圖6-13。為了容易了解起見，假定側滑運動還來不及發生。

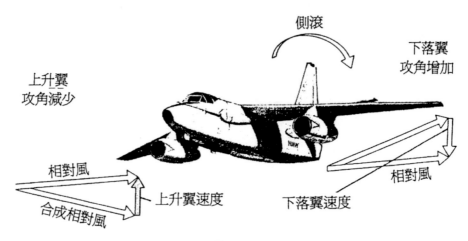

圖6-13

　　這時，另一邊的下落機翼，除了受到原來平直飛行時的相對風(速度為V)外，另外又受到因機翼下落所時，所造成的相對風(向上)，這兩個互相垂直的風向，用向量(Vector)的方法相加後，合成相對風對機翼的攻角是增加的，所以下落翼受到了一個額外的升力，有著阻止下落翼再往下落的趨勢；而上升翼所遭遇到的情形恰恰相反。這樣一來，兩邊的機翼所受到的升力，卻有阻止飛機繼續側滾的傾向，我們稱這種現象為阻尼效應(Damping effect)。

　　所以，飛機因亂流所產生的側滾運動，幸好能靠著阻尼效應而使機身只轉到某個角度後，便會適可而止。可惜的是：雖有阻力但卻缺乏了一股扶正的恢復力矩，飛機卻仍然側斜著身體飛行。這只是隨遇而安的中性穩定，為了要得到良性穩定，航空科學家便得向前面所提到的兀鷹學習了。

(d)　不妨也將兩邊的機翼微微翹起

　　飛機受到亂流而產生側滾，於是斜著身體飛行。可是機重在傾斜方向的分量W_s當然會逼使飛機沿著這個方向發生側滑。

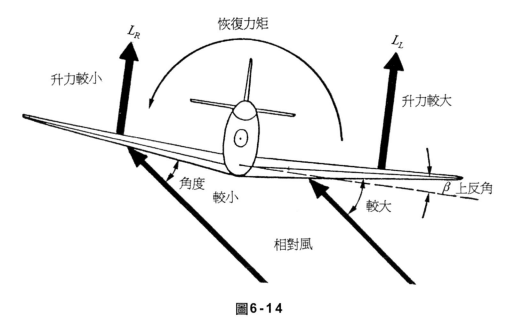

圖6-14

　　巧的是，側滑所造成的相對風速度V_s，和平直飛行所造成的相對風速度V，以向量方法相加後，其合成相對風(也就是兩個速度相加的向量和)好像是從飛機的左前方(假使是左翼在下落)吹來的。如果機翼也像兀鷹般地稍微上翹(見圖6-14)，便會使得下落翼的有效攻角得到增加，當然升力也跟著增加。同時，另一邊的上升翼卻因有效攻角的減少而升力減少，這可以從圖6-14很明顯地看出。由於兩邊機翼所產生的升力差，而產生了扶正機身的恢復力矩(Restoring moment)。飛機扶正後，側滑自然消失，飛機便向原定的方向水平直飛了，這叫做橫向穩定性(Lateral stability)。

這個機翼微向上翹的角度，便稱為上反角(Dihedral angle)，習慣用β代表。

對這個橫向穩定的道理，讓我們用另外一個更直接的方法來解說。如圖6-15所示，若飛機的左翼下落、右翼上升；雖然，垂直於機翼的升力L是相等的，但在垂直於水平面的分力卻是互不相等的，分別是L_r和L_1，而從圖6-15可以看出：L_r顯然比L_l大，於是這個升力差便產生了一股我們所期盼的恢復力矩，而將機身扶正了。

兀鷹真聰明，居然知道利用上反角來增加飛行的橫向穩定性。

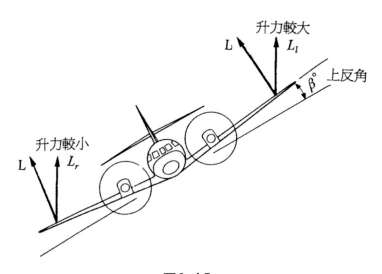

圖6-15

(三)　偏轉和側滾是互為因果的

(1)　側滾可以引起偏轉

　　我們不妨先作個簡要的複習，在第二及第三章裏，曾多次提到過：若高速空氣以適當的攻角流過機翼的上下面時，便會在垂直於翼弦的方向，產生一股向上的空氣動力。再把這個力量分解成兩個分力：一個是和相對風方向一致的誘導阻力D_i，另一個分量是垂直於相對風方向的升力L(參閱圖3-8)。

　　所以，我們一貫所稱的升力L，一定是和相對風的方向互相垂直的，我們應該清楚地記住這個關係。

　　參看圖6-13，機翼下落時，攻角會增加，當然升力也跟著增加。剛才強調過：這個升力是垂直於合成相對風(相對風V和下落時所造成的上升相對風的向量和)。也就是說升力是向前傾斜的，所以下落翼便受到了一個向前的分力，而把這片機翼往前方推。

　　飛機另一邊的上升翼卻得到相反的結果，正因為合成相對風對機翼的攻角減少，升力因而稍向後傾，於是有了個指向後方的分力，把這上升翼往後拉。

　　這樣一來，下落翼被向前推，而上升翼被往後拉，使得飛機向上升翼這邊發生了偏轉(見圖6-16)。

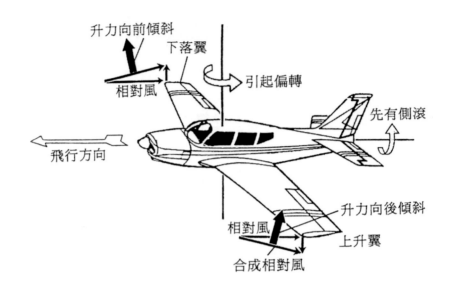

圖6-16

(2)　偏轉會引起側滾

　　若橫向風吹到垂直安定面上，便會把機尾往一邊推，而使飛機發生偏轉運動。駕駛員轉動方向舵時，飛機當然會遵命而偏轉。

　　當飛機發生偏轉運動時，外翼一定會比內翼飛得快些；因之，外翼產生的升力也比內翼的大些，這便會使得飛機受到一股扭力，而向內翼這邊發生側滾(見圖6-17)。

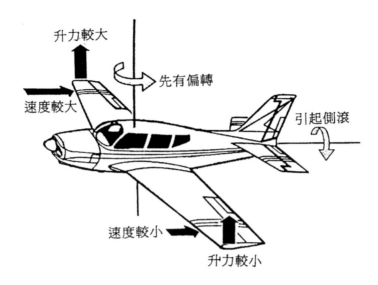

升力較大

先有偏轉

速度較大

引起側滾

速度較小

升力較小

圖6-17

　　所以，側滾固然會引起偏轉，但偏轉也會引起側滾的。因之，飛機轉彎時，機身會自動地產生側滾而機身向內傾斜。為了要防止側滑或偏滑，側滾所造成的機身傾斜角度必須適當，務使機重在內向的分力L_h，恰好等於轉彎時的離心力F_c(參見圖5-19)。這樣才能使飛機平順地轉彎，轉彎協調儀的功用便是告訴駕駛員，機身傾斜得是否適當(圖7-7)。

(四)　再談談方向及橫向穩定性

(1)　這兩個重要穩定性的比較

　　在前面的討論中，我們知道：偏轉和側滾是互為影響的。側滾運動雖然可藉上反角而得到橫向穩定性；而偏轉運動也可藉垂直安定面(又稱尾翼)而得到方向穩定性。但上反角過大，或者尾翼過大，卻會對上述互相矛盾的兩者穩定性造成負面的影響。

現在，讓我們先分別討論這兩個穩定性的極端情形。

(a) 方向穩定性過強的特性

如果，方向穩定性太過良好，因某種原因而發生側滾時，會令飛機明顯地轉向。所以，駕駛員看到某翼正在下落，應該立即將方向舵向上升翼的那邊折轉，把機首的方向糾正回來。否則，便會演變成下面要介紹的急旋了。

由於這個穩定性的大尾翼效應，飛機有很容易轉向以及側滑的傾向；所以，幾乎不須用舵，只是操控副翼，就可以使機身傾斜而轉個亮麗的彎了。

(b) 橫向穩定性過強的特性

相反地，若橫向穩定性太過良好，因有比較小的尾翼，和足足有餘的上反角效應，而不易發生側滑。若因某種緣故發生偏轉時，會令飛機發生側滾，使機身明顯地傾斜，而導致嚴重的側滑。若未及時將機身扶正，便會演變成下面所要討論的「Dutch Roll」了。

尾翼既小，操縱起來當然省勁。所以，只要輕鬆地扳動方向舵，機身便會自然地作適當的傾斜，而轉一個也是亮麗的彎。

(c) 盤旋穩定性

所以，要在方向和橫向的兩個穩定性中，根據飛機所需的性能，而取得一個兩者兼顧的平衡點，這便是所謂的盤旋穩定性(Spiral stability)。

下章所要介紹的姿態表和轉彎協調儀，便是察看這幾種穩定性的耳目。

(2)　急　旋

　　急旋(Spin)是飛機失去了盤旋穩定性，也就是方向穩定性太強所造成的現象，以傾斜著的機身繞圓圈盤旋而下(見圖6-20)，而且圓圈的半徑愈來愈小，空速也愈來愈大，如果當初未能及時糾正，飛機便會倒栽蔥式地衝向地面而釀成災害，實在可怕！這種現象，又稱為螺旋失速，都是先由失速開始的。

　　本書一再強調失速之可怕，一定要使之消失在萌芽階段，不可延誤。所以，失速的控制是訓練飛行員的重要課目之一。

　　現在，讓我們來討論一下，急旋是如們演變而成的。

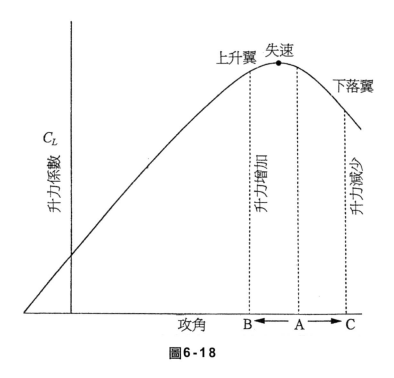

圖6-18

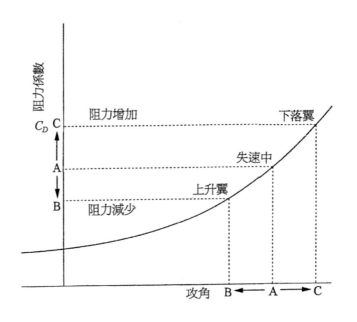

圖6-19

方向穩定性強的飛機，特點是有個過大的尾翼，以及不足的上反角。遇到橫向風襲擊尾翼，或局部的上升風襲擊某一邊的機翼時，便會導致強烈的側滾，也就是說，機身打轉得很快，兩邊的機翼都各以很快的速度上升及下落。

假定飛機是向左邊側滾，左邊下落翼的攻角隨即增加。強烈的側滾會使攻角增加到失速的程度，如圖6-18中的C點，升力因之急劇減少。而右邊上升翼的攻角沿曲線移了到B點，升力當然比C點高。於是，飛機更向下落翼這邊側滾，這真是雪上加霜啊！

強烈的側滾，當然引起快速的側滑，這不僅更加大了偏轉的程度，而且使機首因左翼的升力驟減而更加向左下沉。

　　再看圖6-19所示的阻力曲線，左邊的下落翼由A沿著曲線而增到C，所受的阻力增加，左翼也就飛得更慢了。而右邊的上升翼卻由A點降到B，所受的阻力減少了，於是右翼飛得更快。這樣一來，飛機便向阻力大的下落(左)翼這邊發生偏轉了。

　　這種種落井下石的過程，惡性循環地發展下去，使得機首愈來愈朝下，繞著愈來愈小的圈子，而急速下衝，後果當然是不堪設想了。

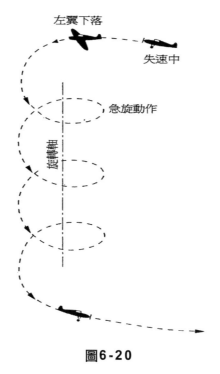

左翼下落

失速中

急旋動作

旋轉軸

圖6-20

　　現代飛機是不容易發生這種急旋現象的，而且糾正的方法也是既迅速且簡單。其實，即使發生了，如果駕駛員真是技術高超，鎮定處理，也是可以化險為夷的；如圖6-20中所示，還是能夠使飛機及時地恢復平飛而平安無事了。

(3)　橫向擺盪

(a)　當年林白所遇到過的驚險

1927年美國青年飛行家林白(Lindbergh)獨自駕機橫跨大西洋時，所使用的「聖路易士精神(Sprit of St. Louis)號」單座單引擎的小飛機，就是因為要減少阻力，以節省燃料而增加航程，才故意把尾翼(垂直控制面)設計得小了些。

在航程中，飛機突然無法保持平直飛行，就像個醉漢走路，左搖右擺地掠過洋面，幾乎碰到水面，真是驚險萬狀！把林白的瞌睡蟲也嚇跑了。因為他已經三十多小時不曾睡過，原來在出發的前夜就失了眠。他雖曾用手指撐開眼皮，也無濟於事。讀者如看過這部電影印象一定深刻。

林白被驚醒了後，便趕緊加以控制，才得平安無事，而終於完成了這次壯舉，在巴黎接受了英雄式的歡迎。

這便稱為橫向擺盪(Lateral oscillation)，俗名叫Dutch roll，據說是荷蘭小孩溜冰時，都喜歡採取這種左搖右擺的姿勢。這實在是該機的側向穩定性大於方向穩定性所致，所以駕駛員要時刻全神貫注，及時修正不穩情形。

(b)　這又是什麼道理

「聖路易士號」的尾翼小，因而方向穩定性被減弱了；可是方向舵卻占了幾乎三分之二的面積，所以方向控制性還是足夠的。如果飛機因亂流擾動而偏轉，它自動回到原來航向的能力是不夠的，務必由林白自己及時轉動方向舵糾正過來才行。

她的機翼不僅毫無上反角，而且是長方形的，簡直是沒有橫向穩定性可言。事實上，在那個航空事業剛萌芽的年代，還沒人想到用上反角

和梯形前緣呢。如果遇到亂流而側滾，飛機本身沒有扶正的本領。這也得靠林白及時轉動副翼來糾正不可。

可以說，這架在當年專為這件壯舉，而花了一萬多一點美元量身特製的小飛機(引擎只有220匹馬力)，基本的穩定性是不理想的，所以要全神貫注地操控才行，飛行員可不能打半個盹的。

如果右邊有橫向風吹來，把飛機吹得也跟著向左邊傾斜，若駕駛員沒能及時糾正，這架斜著機身而飛的飛機，便會向左偏轉；此外，飛機的重量也會使得機身，向左邊發生側滑動作，而變得更向左邊偏轉(參見圖6-12)。於是，這個雙料加強的向左偏轉動作，卻引起了飛機強烈地向左側滾(參見圖6-17)。依照圖6-16的解說：這個強烈的向左側滾，竟然會使得飛機回轉頭來，向右邊大轉彎。在前面的幾個節段裏，已經解說過了這些動作的原因；其實，都是因為合成相對風的攻角變化，而影響了升力變化所造成的。

於是「聖路易士號」回頭向右邊作一個急轉彎、同時機身也斜向右邊而飛行。右轉彎到某一個程度後，便又回頭向左邊，再作一個急轉彎、而且機身也是向左邊側斜著飛行。待左轉彎到某個程度後，又回頭來個右轉彎，當然又是向右傾斜而飛行。如此週而復始，直到飛機受到適當的操控，而恢復原來的方向，再作平直飛行為止(圖6-21)。真像一位快樂的青年，左搖右擺地徜徉在溜冰場上；然而，飛行員卻是輕鬆不了啊！

事實上，飛機左右擺動得並沒有像圖6-21所示的那般厲害，只是為了容易解說起見，才給它誇大了。

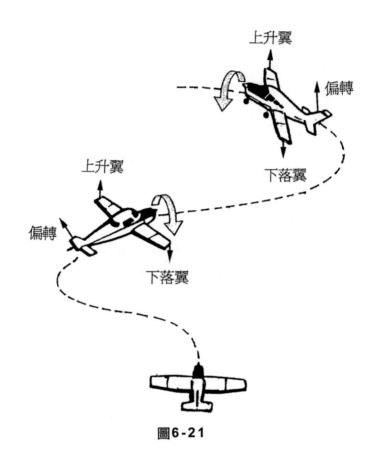

圖6-21

第七章
航空儀表

(一)　儀表是飛機飛行時的眼睛

(1)　再談林白的飛行

　　飛機飛上天後，沒有路徑可循，沒有標誌可看，有時連天地線也看不到，宛如墜入了雲霧之中，所以，駕駛員需要靠各種儀表來「看路」。1930年以代以前，飛行員都是靠著羅盤、地圖和山川的地貌作參考，憑著高超的飛行技術而依目視的方式飛行。像林白在1927年駕機，從紐約長島起飛，經過了33小時的艱險飛行，才安抵巴黎，接受了數萬人英雄式的盛大歡迎。

　　我們很少人知道，當年林白利用了製造飛機的空擋，非常用心地研習了這段橫跨大西洋，共5782公里的航程。下面是茫茫無際的大洋，只有寥寥的島嶼可資參考。所以，他必須靠觀察海浪來推斷風向，和儘量搜集沿途任何資料。除此以外，真是一無所助了。

　　甚至他常獨自到海灘去散步，練習他的耐力，直到他能支持34小時而仍然清醒，方才罷休。任何一個大成就，都不是偶然的啊！

　　抗戰初期，英勇的空軍將士，都抱著視死如歸的精神，比這更艱難地捍衛著祖國的天空，寫到這裏，作者表示萬分的敬仰與感激。

(2)　飛機有眼睛「看路」了

　　飛機航行中，駕駛員所要知道的不外是：該往哪裏飛(航向)、飛得多快(空速)、飛得多高(高度)、和機身有否傾斜或正在轉彎(飛行姿態)以及飛機在上升或下降時是否合規定(垂直速率)等基本資料。幸好，已有各種儀表可以相當準確地供給這些信息。

可以說，這些儀表都算是飛機的眼睛。理論上說，依賴這些眼睛，駕駛員不需要看窗外(問題是，有時什麼也看不到)，就可以駕駛這架飛機起飛、航向目的地和降落機場了。

這不是夢想，美國另一位名叫杜立特(Doolittle)的青年飛行家，曾於1929年作了第一次的「儀表飛行(Instrument flight)」，而且非常成功。包括了起飛、按著預定航線飛行以及降落。於是，在濃厚的雲霧中飛行，便有安全保障了。

從此，儀表飛行已為大小飛機所普遍採用了，而且美國聯邦航空總署(FAA)訂立了儀表飛行法規(IFR)，作為規範。

(二)　介紹一些基本儀表

(1)　空速表

(a)　皮托管

飛機在天空中飛，怎能知道飛得多快呢？這就要靠空速表(Air speed indicator)了。原理也不難懂，就是根據皮托管(Pitot tube)原理。

靜止的流體，既不運動，當然它的動能便等於零；所以全部能量都是位能，而流體的位能是由壓力所表現的。當流體發生運動時，它所需的動能，便只有從位能借用了。這個動能又叫動壓力，一般用q來代表，這已在第二章二節4段d說明了。所以，位能又稱於靜壓力。

若流體被強迫而停了下來，動壓力又變回了靜壓力(也就是轉回到位能)，這就是第二章所介紹的柏努利定理，它是飛行理論的基石。

於是，只要設法把動壓力測量出來，就可以算出流體運動的速度了，而皮托管的任務便是測出動壓力。

　　皮托管實在是一個U形管，管中裝有例如像水銀般的特殊液體。那麼，它是靠什麼招術，能夠測出空氣流動的速率(簡稱空速)呢？參看圖7-1，若空速為V的空氣，流到b點時，卻被阻在皮托管的入口處，無路可走而停了下來，於是空氣的動壓力變成了靜壓力，擠壓著U形管中的水銀柱從另一端升起，這個兩邊水銀柱液面的高度差，便等於空氣的動能，也就是它的動壓力q。知道空氣的密度，就可以算出空速V了。

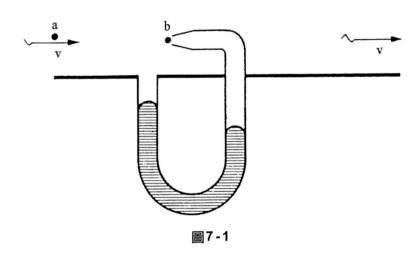

圖7-1

(b)　空速表

　　上面所介紹的U形皮托管，最容易說明測量空速的原理。但是管內要裝特殊液體，對用在會上升下降或左搖右擺的飛機上，卻不實際。總之，依據靜壓力之差，而能算出空速，是不變的皮托管原理。

　　所以實用的空速表，如圖7-2所示，用扁圓形的金屬盒(稱為氣壓室)，來替代U形管；盒子開了個小口，接了一根細管而通到動壓管，如圖7-1一樣的正對著相對風。為了能使測量的效果放大，還把盒面做成波浪形。盒面中央接了一根連桿，再又橫接一根固定到一個圓弧輪，而圓弧輪藉著細牙齒輪和指針軸嚙合，這樣做的目的是放大指針的轉動效果，而增加空速表的精確度。

當空速為零時，動壓力q也等於零，這時金屬盒(氣壓室)裏的壓力和盒外的靜壓力(大氣壓力)完全相等；我們便把盒面的槓桿對指針的定位設定為零(也就是0公里／小時)。

當空速為V時，動壓力便是q，這個動壓力經過皮托管入口而傳到氣壓室中，盒中的壓力便增加了，正好比盒外的靜壓力大了個q，於是盒面鼓了起來，而把槓桿頂起，轉動著指針而指向空速數。

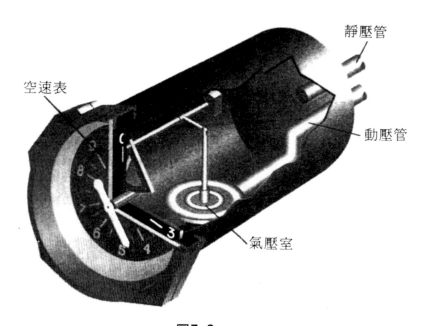

圖7-2

(c) 在飛行各階段的空速

有些小飛機的空速表，在刻度表的外圈還著了不同的顏色，提醒駕駛員在飛行各階段所需的空速。

　　⊙先從低速起，在60到100節階段，外圈塗以白色，表示襟翼作用的範圍；在接近60節的白弧區，空速相當低，飛機正在降落階段或者發生了失速狀況。這時，駕駛員便必須將襟翼完全伸出，以增加足夠的升力。隨空速的增加，駕駛員可適度地收回襟翼。直到空速接近100節時，襟翼可以完全收回。

　　⊙從100到165節間的是綠色，表示正常工作範圍。接近165節是飛機結構所能承受的最大巡航空速，要特別小心駕駛。我們駕車駛過突然隆起的路面時，勢必踩煞車板減速，否則車子會受損。同理，亂流也像崎嶇的路面一樣，前方有亂流時，駕駛員務必減低空速，不要讓飛機的骨架受到傷害。

(d)　什麼是真空速

　　空速表如此測出的數字，叫做指示空速(Indicated airspeed，簡寫為IAS)，通常用「節」(knot)表示。一個節等於1.85公里／時，或1.15MPH。

　　但是，大氣密度和溫度都是隨高度而變的，儀表本身用久了也有誤差，此外，皮托管入口的位置，有時不敢保證正好是和飛機外的空氣壓力相同，如果將這些誤差都加以修正後，才是準確的空速，而叫做真空速(True air speed，簡寫為TAS)，駕駛員便是用真空速來解決導航問題的。

(e)　地面速率

　　即使準確的真空速，也只是相對風流過機翼的速率而已，它包含了風速。如果把風速的效果減去，那才是從地面上所看到的空速，稱為地面速率(Ground speed)。

　　例如：飛機在以120節的真空速平直飛行時，若所遇到的是15節的頂風，那末飛機的地面速率便是105節。

又例如：從亞洲飛返北美洲時，常有順風相送。空速雖為每小時914公里，地面速率卻達每小時1040公里。

(2)　姿態表

(a)　由此表可知飛機的俯仰與側滾

在飛行中，怎樣才能知道飛機是在作俯仰運動，也就是機道正在朝上、平直、或朝下；以及側滾運動，也就是機翼是水平抑或傾斜的呢？這就要靠姿態表(Attitude indicator)來告訴駕駛員了。它的工作原理也不難懂，因為我們已經知道了陀螺儀的理論(參閱圖5-7)。所以又叫姿態陀螺儀(Attitude gyro)，是「儀表飛行」最重要的主角。

(b)　人工地平儀

從圖7-3可以看出它的豐采，有一架小飛機(Minute airplane)印在儀表面上，儀表面的中心機代表機首；兩條和直徑重合的水平線，代表機翼。儀表周邊幅射狀的刻度(Bank scale)，代表飛機傾斜的度數，這些刻度依次為0度、30度、60度、及90度。儀表面的白色半月形部分稱為人工地平儀(Artificial horizon)，它的直線代表地平線，是隨著飛機的側滾而轉動的；也隨著飛機的俯仰而上下移動的。所以，從地平線的轉動和上下移動，便可以知道飛機此刻的飛行姿態如何了。即使在濃霧中，看不到真的地平線，我們也不著急了。

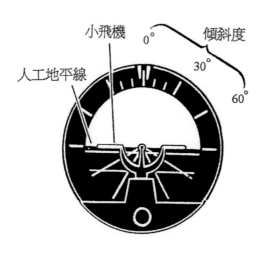

人工地平線 小飛機 傾斜度 0° 30° 60°

圖7-3

　　圖7-3(a)表示飛機正在作平直的巡航飛行，因為人工地平線和小飛機的雙翼是重合的。圖(b)顯示著白色部份不僅小於半圓，而且地平線也向右邊傾斜了20度。這個圖示便說明：你所駕駛的飛機，正以機首朝下並向左作20度傾斜的姿態飛行中。

　　一看圖7-4的姿態儀(上列的第二儀表)，便知道飛機正在平直飛行(因為地平線通過中心點)；但機身向左傾斜15度(因為半月區頂的小箭頭，正指向右邊的15度)。對照姿態儀所示的人工地平線，和窗外所看到的實際地平線，還非常吻合呢。

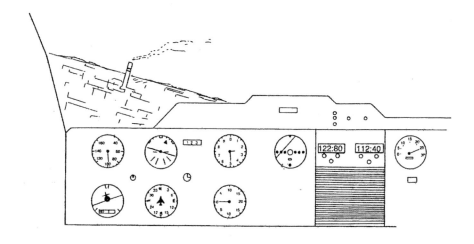

圖7-4

(3)　高度表

(a)　大氣壓力及溫度隨高度而變

　　我們都知道，地球被一層厚厚的空氣團團圍住，我們稱為大氣。雖然大氣伸展到1000公里的外太空，但四分之三的空氣都停留在約一萬八千公尺以下的天空中。地球表面以及萬物，都在承擔著如此渾厚的空氣重量，我們稱之為大氣壓力(Atmospheric Pressure)，這個壓力實在不小，在標準狀態下的海平面，居然能把真空中的水銀柱推到760毫米(mm)之高，科學家約定這就代表一大氣壓，以atm表示。但氣象家喜歡用「巴」(bar)為單位，分別表示如下：

$$1atm = 0.76m 的水銀柱 = 1.013 \times 10^5 N(牛頓)/m^2 = 1013mbar(毫巴)$$

$$1bar = 1 \times 105N/m^2 = 0.7502m 的水銀柱 = 0.9869atm$$

　　在4572公尺以下的大氣層稱為對流層，含有變化不定的水份，由於壓力(與溫度有密切的關係)差所造成的對流，才會有各種不同的氣象發生。

　　在對流層中，大氣的溫度、壓力和密度都是隨高度的增加而遞減的。在海平面溫度為15℃，每升高305公尺，溫度便降低攝氏2度；大氣壓力也減少2.54公分的水銀柱。依此計算，在5486公尺(8000呎)的高空，大氣壓力便減為560毫米的水銀柱，溫度也降到攝氏負1度，真是高處不勝寒啊！

(b)　高度表其實就是壓力表

　　前面所提到以水銀柱的高度來測量大氣壓力，只是借用它的標準，卻不能用在飛行中的飛機。於是採用「無液壓力表(Aneroid barometer)」，和家用的晴雨表相似，是意大利人維迪(Vidie)於1843年發明的。

　　它的作用原理，可說和空速表大同小異。只是金屬盒是密封而且內部抽成真空，盒外的大氣壓力因高度而變化時，波浪狀的盒面也隨之起伏，也是藉著槓桿的作用，繞樞紐D而轉動指針。因溫度變化所引起的脹縮作用，必須加以補償；然後經過一番校正，便可精確地指出高度和壓力的讀數了(見圖7-5)。外圈是高度的讀數；內圈是大氣壓力的讀數。

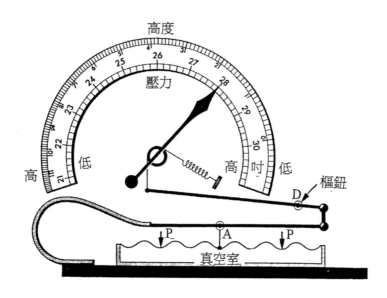

圖7-5

(c)　高度表需經常調整

　　圖7-6表示航空用的高度表(Altimeter)，長針指示百位數，短針指示千位數，如圖中所示的高度是4530呎。

　　表的右邊還有個小窗子，叫壓力標度，必須根據實際情形，而由左下方(未示出)的調整旋鈕(Altimeter setting knob)調到當地地面的大氣壓力。如果在地勢較高的地區，地面的大氣壓力便比較小；這道調整手續是非常重要的，否則，高度表所指示的高度根本不正確，實際的高度小得多啦！

圖7-6

(d)　一位老飛將軍的經驗

　　承陳宿清老飛將軍告訴作者一個故事，那年他駐防西北，有次出任務到長城以外的良久灘，執行300公尺低空轟炸。投彈後突然感到機身一陣劇烈震動，且有搖搖欲墜之勢，本能地加大油門，企圖得到較大的馬力以恢復平穩。經爬高後檢視，發現左翼已被自己的炸彈碎皮擊破了一個約十公分的大洞。原來是沙漠地帶無特別地勢可資標高的參考，以調整高度表；高度表雖指然指到四百公尺，因起飛地與目的地的標高不同，落差幾達三百多公尺。所以，投彈時的實際高度只是幾十公尺而已。能逃過這次災難，實屬萬幸。

(4)　轉彎協調儀

　　飛機轉向時，機身會向內側作適度的傾斜，同時也稍增空速，目的是使升力所產生的水平分力正好抵消離心力，垂直分力也正好等於飛機的重量。那麼這個彎便轉得非常亮麗，既不發生向內側滑，也不會有向外偏滑(參見圖5-19)。

　　可是，飛機在沒有路標可循，甚至連地平線也無法看到的情況下飛行，便要依賴轉彎協調儀(Turn coordinator)來幫忙了。比起早先所用的轉彎傾斜儀(Turn and Slip indicator)更為進步，但都是根據陀螺儀理論而作用的。

　　圖7-7便是轉彎協調儀的尊容，儀表面上有一架會左右側滾的小飛機，它可是和真飛機同步動作的。還有「2MIN」的字樣，可要特別說明：這架飛機要花兩分鐘才可以轉完一圈(360度)，也就是說，飛機要以每秒鐘偏轉三度的角速率，才可以向左或右轉一個亮麗的彎。翼尖所指的是飛機轉向時的角度率，應該指到下方的斜刻度時，偏轉才能得到安全。所以，翼尖指的並不是傾斜度，因為那是姿態表(圖7-3)的任務。

　　儀表的下方還有一個裝有小球的弧形圓管，叫做傾斜儀(Inclinometer)。飛機轉彎時，務必要保持小球停留在圓管的中間才對。

(a)　　　　　　　　(b)　　　　　　　　(c)

圖7-7

先看圖7-7中的(a)，機翼是水平的，表示飛機正在作平直飛行。再看圖中的(b)，機翼指向斜刻度L，而小球仍停留在管的中間；這表示飛機正在作左轉彎，但無側滑或偏滑的情形，這個彎轉得很漂亮。最後看圖中的(c)，小球卻向同一邊滾，表示飛機的彎轉得太急，轉向的角速率已超過了設計規定的每秒3度了；這表示離心力不夠，飛機因而發生了向內側滑的現象。這時若空速表指針下降，同時垂直速率表的指針也往降落的方向增加，那麼飛機在急旋了，應當立即制止並糾正。

(5)　航向表

在天空中飛行，便要靠航向表(Heading indicator)，來指點駕駛員航行的正確方向了。早先是由磁羅盤(圖7-8的左圖)擔當大任的，可是它有諸多先天性的缺點，例如當飛機的空速變化或轉向後，指針會搖幌不已，而且不能即刻調整到新方向，使得航向不易準確保持。

好在陀螺儀的方向性，不受磁性及金屬物的干擾，可以用作非常精確的航向表(Directional gyro)，而且不受轉向的影響，它的樣子正如圖7-8的右圖所示。唯一的缺點是：不像磁羅盤般，天生地永遠指向北方。所以要在起飛前根據磁羅盤的指針作一番校正，而且要每隔十五分鐘重複校正一次。

圖7-8

(6)　垂直速率表

　　在第五章三、四節中分別討論過飛機的爬升及降落，也談過最佳爬升率和降落率及其算法。可是，怎樣才能測出這個在垂直方向上升或下降的速率呢？答案便是垂直速率表(Vertical speed indicator,簡寫為VSI)。

　　它的工作原理也很容易理解，我們知道，高度增加時，大氣壓力便減少。在這個儀表內部由薄膜隔成兩個小室，但互不相通。各小室都和外面的大氣相通，一個有較大的開口，空氣進出非常方便。另一個小室的開口卻很小，空氣進出自然受到限制。

　　當飛機巡航(平直飛行)時，兩小室的壓力是相等的，這時隔膜當然沒有受到任何壓力，也是藉著槓桿原理，而連接到隔膜上的指針校正為零。

　　當飛機的高度改變時，大氣壓力也隨之改變。開口大的那個小室，壓力立即隨之改變；可是另一室因開口很小，空氣流通自然很慢而來不及立即改變，一般須等6至9秒鐘後才能和外面的大氣壓力相等。就在這幾秒鐘內，兩小室的壓力並不相等，而推動隔膜變形，向低壓面凹進，指針便有所偏轉了。

　　經過校正後，指針的偏轉便可以準確地指示出垂直速率了，用每分鐘多少呎(fpm)表示。如圖7-9所示，指針朝上偏轉表示飛機正在以所指的速率爬升，朝下偏轉表示以所指的速率下降，指針指向0表示飛機在平直飛行。

圖7-9

(7) 將靠大氣作用的儀表組合在一起

(a) 統一供應大氣的靜與動壓力

　　像空速表、高度表和垂直速率表，都是依據皮托管原理而工作的，所以要用到當「時」的大氣動壓力，和當「地」的大氣靜壓力，這兩個壓力都和飛機當時的空速和飛行的高度密切有關。

　　當然不能取自機艙以內的靜壓力，因為它並不等於外界的大氣壓力。只有從未曾受到飛機干擾的相對風中，所提取的靜壓力，才算是當時的大氣壓力。提取的辦法是：在與相對風平行的機身側面，開個小孔，讓相對風擦身而過，卻不流進小孔。再把皮托管的靜壓管接到小孔，便可測得當「時」與當「地」的大氣靜壓力了。

　　至於空速表所需的動壓力，便要在機首的最前端處開個小孔，皮托管的動壓管便接到此孔，讓相對風的動能可以完全地轉變成位能。

　　圖7-10便是這種供應動、靜壓力的示意圖，這幾個孔道務必時時保持暢通，否則儀表所給的讀數就不準確了，下面舉個慘痛的例子。

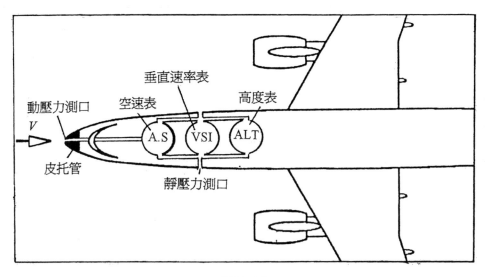

圖7-10

(b) 一個慘痛的故事

1996年的某月某日(忘記了)，祕魯航空公司的一架班機，起飛後，機長發現高度表及空速表失效，而申請緊急降落。於是，機長減低空速及高度，正好是夜晚，又沒有耳目(空速及高度二表)可供使用。這時，飛機震動得很激烈，表示空速太低而失速了，以致墜海。

經打撈檢查後，發現機身側面的靜壓測口被厚紙板蓋著，四邊並用膠布封住，密不通風，以致一直把地面上的大氣壓力當作高空大氣壓力，而前者比後者為大。飛機在高空飛行時所造成的動壓力，和地面上的靜壓力較起勁來，空速表當然失效了。此外，從圖7-5可知，壓在真空室外殼上的乃是地面上的大氣壓，而不是高空的大氣壓力，壓力高意味著高度低。所以，直到飛到了高空，機師才發現高度表也失效了。這實在是維修人員的不可原諒疏忽，沒有將此紙板折除，慘案發生得多麼冤枉啊！

　　本書作者特請王興中先生所撰的「如何成為飛行員」一章，在第三節中他便寫道：「首先飛行教練會教你如何作飛機的360度機內外的檢查。」可見這是多麼重要的一課啊！所以，這次災難，機長的莫大疏忽也是不可原諒的。

(8)　將靠陀螺原理作用的儀表組合在一起

　　六個基本儀表中，另外三個像航向表、姿態表和轉彎協調儀都是靠陀螺儀作用的，而轉子卻是陀螺儀的心臟。只有轉子作高速旋轉時，才能表現它固執的個性，忠心耿耿地指向著某一個固定的方向。那麼，怎樣才能使轉子在整個航程中一直不停(可停不得的！)地旋轉呢？

　　一般有兩種方法：真空驅動(Vacuum driven)或電機驅動(Electrically driven)。在一萬公尺以下航行的飛機多用前者，有的飛機兩者皆備，以策安全。這裏，只介紹真空驅動式。

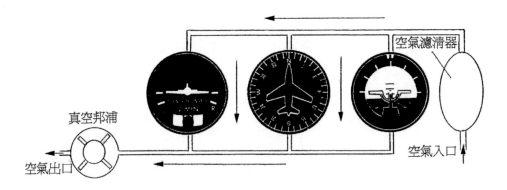

圖7-11

參閱圖7-11，首先由真空泵(Vacuum pump)製造真空，就像家用的真空吸塵器一樣，把空氣用力從空氣入口處吸入，為了要保持儀表內部清潔，當然要在入口處裝個空氣濾清器。當吸入的清潔空氣，快速地吹到轉子週邊上的葉片上(就和第四章第三節所介紹的渦輪機一樣)；於是轉子便飛快地轉動起來了。當然，只要用一個有足夠力量的泵，就可以驅動這三個儀表的轉子。

(二)　總結地談談基本儀表

(1)　六個基本儀表的佈置

除了上面所介紹的六個基本航空儀表外，當然還有許多其他用途的儀表：例如不同作用的開關、控制器、通信和導航設備等等。即使是一架小飛機，也少不了這些儀表。一踏進駕駛室，便會叫外行們眼花撩亂。巨無霸的大客機，更是密密麻麻，四周甚至天花板上也佈滿了各式各樣的儀表等等。

所以，這些儀表等等的位置，便要特別考究，務求容易找到，讀取方便為原則。前面所介紹的六個基本航空儀表，都安置在左邊，如圖7-12所示。它們的相關位置，也是固定的，為的是便於記憶。上列從左起，先是空速表，接著是姿態表，最後是高度表。下列左起是：轉彎協調表、航向表和垂直速率表。

圖7-12

(2)　更先進的儀表顯示

　　電子科學的飛躍進步，使得上述的一些重要儀表合而為一，只需使用一個螢幕(有時用液晶體)來顯示便夠了，非常方便而且一目了然。圖7-13便是現代飛機所常採用的綜合儀表，稱為主要航行顯示器(Primary Flight Display，簡稱為PFD)。

　　有些飛機，尤其是戰鬥機，利用反射原理，把重要的航行數據投影到擋風玻璃上，看起來更是方便，這叫做抬頭顯示系統(Head up display)。其實，有些名貴跑車便採用了這個方法，把車速的數據投射到擋風玻璃上，駕駛人只要專心看路便是了。

圖7-13

(三)　控制引擎的一些儀表

前面所談的是航空儀表，供給機師必要的飛行資料。可是，飛機要借重引擎來產生推力。所以下面要介紹一些，專門提供引擎工作狀況的儀表，以便機師隨時了解。

(1)　燃料存量表

飛機的燃料，一般是分別儲存在左右兩翼的夾層油箱中。每個油箱都有燃料存量表(Fuel tank gauge)，用來指示飛機現有的存量。

當然，以前的油表也被現在的電子螢幕顯示來替代，一個儀表便可以指出每個油箱的存量。如圖7-14所示，是波音747-400巨型客機所使用的燃料存量表，每個方塊代表一個油箱，一共有四個主油箱、一個中央油箱和兩個副油箱。方塊中的數字是存量，加起來總共尚有燃料163,500磅，顯示在此表的頂端。同時還顯示了各個控制油路的閥門，

是開啟的(管道是白色)，抑或是閉合的(管道是黑色，而且閥門的通路和油管互為垂直)，清清楚楚的指出第二及第三號主油箱正在供油中。

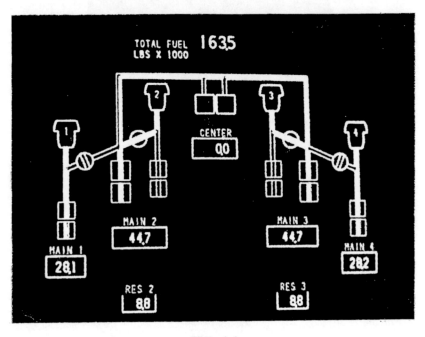

圖7-14

(2) 潤滑油壓力表

引擎所有的運動部分，都需要注入潤滑(俗稱機油)以減少磨擦阻力及損耗。而機械的運動部分間隙非常小，必須靠機油泵(Oil pump)，用適當的壓力，才能把潤滑油擠壓到所有的間隙裏。所以，一定要維持住適當的壓力，潤滑油壓力表(Oil pressure gauge)便是告訴機師：壓力是否正常以及保持不變。

最近(2000年8月8日)南方航空的一架波音737班機,從武漢飛香港途中,在一萬公尺的高空,機長發現儀表所指的壓力,突然下降了些,他便懷疑右引擎正在漏機油,而要求緊急降落。經檢查後,果然如此。據技術人員說,如果再晚五十秒鐘發現,不僅引擎便會卡死而報廢,還可能肇致空難!

(3)　潤滑油溫度表

潤滑油不僅要壓力夠,而且量也要夠,才可以得到圓滿的潤滑效果。如果潤滑油的量不足,溫度便會升高,黏性也隨之減少,使得潤滑效果大打折扣。引擎的磨損大增,甚至卡死,可怕之至!

潤滑油溫度表(Oil temperature gauge)的任務,便是指示機油的溫度是否正常。

(4)　引擎轉速表

從圖5-2可知,引擎所能供應的馬力,起先隨引擎的轉速而增加的,達到一定的轉速後(約是3000rpm左右),馬力達到最大值後,便開始下降了。所以,憑著引擎的轉速,便可知道馬力的大小。引擎轉速表(Tachometer),便是作此用途。小飛機尤其如此,例如當年林白單飛橫跨大西洋,便是用轉速表來控制引擎的馬力(參閱第四章的「定距螺旋槳」段)。

起飛時,駕駛員要把油門大開(Full throttle),引擎轉速增到每分鐘三千多轉,飛機才有充分的馬力一飛沖天。降落時,引擎只要很小的馬力,只要650rpm的轉速便可。

(5)　進氣岐管壓力表

(a)　由進氣岐管的壓力可以測出引擎的馬力

　　引擎運轉時,需要大量的空氣,從入口管道吸入,我們稱這管道為進氣岐管(Intake manifold)。此被吸進來的空氣隨即與適量的燃料混合,點火燃燒而產生動力。當然,通過岐管而被吸進來的空氣愈多,產生的馬力也愈大;這時,岐管中因空氣愈密而壓力也變得愈大。所以,我們只要測量進氣岐管中的壓力,便可以知道引擎馬力的大小和增減了。岐管壓力表(Manifold pressure gauge)便是測量這個壓力(簡稱為MAP)的儀表,事實上就是一個無液壓力表;圖7-15便是它的外貌。儀表面上的綠線區表示正常的工作範圍,壓力在15到23 psi(磅／每平方吋,乘以5.171便轉換成為以厘米水銀柱為單位)之間。

圖7-15

(b)　定距和定速螺旋槳的比較

　　在第四章內曾經討論過:飛機在起飛及爬升時,螺旋槳應採用較小的節距及較高的轉速為宜;巡航時,情況正好相反,以採用較大的節距和較低的轉速為宜。這樣,才能保持最高的推進效率。

　　比較大型的飛機，都喜採用定速螺旋槳，其目的便是要在各種飛行狀況下，都可以保持最佳的推進效率。此外，一般活塞式引擎的轉速在2500rpm左右時，燃料消耗量為最低，這時引擎所產生的馬力，約是最大馬力的70％左右。前面提到過，螺旋槳和引擎的轉軸是直接相連的，也就是說兩者有相同的轉速。

(c)　歧管壓力表對定速螺旋槳的重要性

　　其實，飛機在爬升或俯衝時，定速螺旋槳的轉速，還是會和定距螺旋槳一樣，跟著變化的，因而空速也會相應地減少或增加。

　　這裏只舉一個例子，若巡航時的轉速為2500 rpm，當飛行員抬起機首而爬升時，引擎一定會感到不勝負荷而轉速慢了下來。這時，飛行員會同時增大油門而使引擎的轉速增加；與此同時，調速器便會自動地將螺旋槳的節距減少，就像汽車排擋的作用一樣。由於節距的減少，誘導阻力也隨之減少，螺旋槳的轉速便又增加而回到原來的2500 rpm。

　　所以，光用引擎轉速表是不夠的，還要加用歧管壓力表才能精確地控制引擎的性能。這樣才可以做到：馬力(歧管的壓力)雖增加，而引擎的轉速卻不增加。油門不可拉得太大，而使得歧管壓力超過綠線區(如果是加壓式的進氣系統，自當別論)，引擎的磨損和耗油量，便會受到很大的負面影響。

(6)　電流表

　　圖7-16所示的電流表(Ammeter)，也是個引擎運作的重要儀表，它告訴我們發電系統是否工作正常。表上所示的電流安培數，太低或太高於額定數，都表示系統有了問題。

圖7-16

(四) 波音747-400型的駕駛艙一瞥

　　如今，航空客機都裝置了"全自動飛航控制系統(EFIS, Electronic Flight Instrument System)"它包括了導航、通訊、航機性能計算、自動駕駛、自動油門、飛機系統情況之顯示、以及衛星定位系統。不僅大大地減輕了機師的工作負擔，而且使引擎的推力達到最佳狀態，既可省燃料，又可延長引擎的工作壽命。

　　現在，讓我們不妨參觀一下目各國所常使用波音747-400型巨無霸飛機的駕駛艙(圖7-17)。看到這麼多的開關、儀表、控制器，不是要請千手觀音才能操作嗎？雖然400型機已經將971個儀表等簡化到365個，可也叫人眼花撩亂啊！但對經過嚴格訓練的機師來說，兩個高手便能應付裕如了。

　　和控制飛航的PFD(見上節第九段)一樣，圖中還可以看到EICAS (Engine indication and Crew alerting system)，便是同樣的道理，暫譯為「引擎指示及警示系統」。

　　只要按下功用選擇鈕(Display selector)，便可以顯示所需要的儀表讀數。也可以看到眾引擎們的運作情況，和它們賣力的程度。

　　圖7-17還可以看到導航顯示幕，也是把好幾個儀表合而為一的。唯有這樣做，才可以減少儀表的數量啊！

　　由於傳統的顯示器為電子射線管CRT，現都以液晶體顯示器LCD所替代，既減輕了重量、又節省了空間，還節省了電力消耗，產生的熱量也就低得多了。

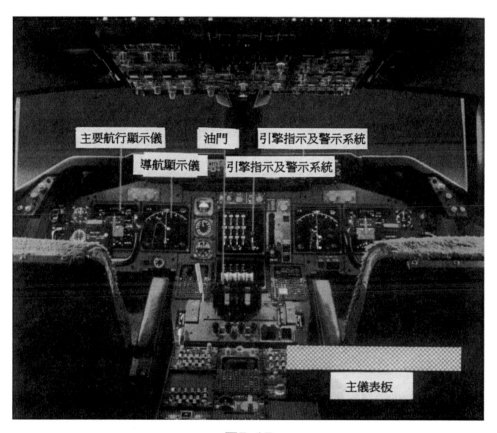

圖7-17

第八章
淺談導航

(一) 儀表飛行

(1) 先試試讀者判讀姿態儀的功力

圖8-1是姿態儀的四種不同的顯示，請讀者試試看，能否正確地判讀出它們各所代表的意義，這對飛行員來說，確是太重要了。

杜立特當年所用的姿態儀

圖8-1

首先，讓我們作個小小的複習，正如圖7-3所示，短橫線代表飛行中的飛機，固定在儀表的中央，以此作為基準。橫跨儀表面的長線則代表人工地平線；由這長線的各種不同的位置，便可知道當時的飛行姿態了。

從圖8-1的左邊看起，依次為：飛機正在爬升、飛機正在向左傾側而作左轉彎、飛機正在向右傾側而作右轉彎、最後表示飛機正在下降。在航空史上，圖8-1實在具有很重要的歷史意義，下面便有詳細的說明。

(2) 儀表飛行的發軔

美國有許多的科技研究，是由民間的富豪資助而得完成的。例如「古根漢(Daniel Guggenheim)基金會」便對航空科學的贊助，作了許多偉大的貢獻。

　　二十年代，為了要解決在大霧中的飛行問題，古根漢基金會便資助了這個研究計劃，並由一位年輕而充滿幹勁的飛行員杜立特(Doolittle)，進行了「儀表飛行」的試驗。

　　史派瑞(Sperry)是陀螺儀定向的發明人，他特別替小杜設計了一套非常精確、如圖8-1所示的姿態儀；並且採用了比當時更靈敏的高度表。

圖8-2

　　如此這般，勇敢機智的小杜便披掛上陣了。1929年9月24日的那天下午，在有航空搖籃之稱的紐約長島米歇爾(Mictchel)機場，他跨進了一架雙翼試驗飛機，並且用帆布把機艙罩住，如圖8-2所示，根本看不見外邊。不過，前艙還坐了另一位飛行員凱西(Kelsey)，以策安全；但他卻什麼也沒做，完全由小杜操縱一切。

　　小杜只靠著微弱的亮光，注視著儀表便起飛了。首先爬升到約三百公尺的高度，便向左後方作了個180度的大轉彎，直到飛機飛離了機場。然後又向左後方作了一個180度的大轉彎，對準著地面電台所發射的定向無線電波，作為導向信號，而又能準確地飛回到原先起飛的航道；待

再降到約70公尺的高度後，便水平直飛，這時又聽到另外一個無線電信號，便知道已經飛抵機場邊緣了。於是小杜便大膽地開始降落，就在他起飛相差只幾公尺處安全著陸了。這項起飛、爬高、平飛轉彎和下降著陸的基本動作，表演得可圈可點，前後經過了十分鐘。可是這十分鐘卻開創了一個航空的新紀元啊！從此，不須顧慮大霧或黑夜，可以全天侯地利用儀表及無線電波導航了。

(3) 無線電波導向

無線電波經由特別的定向天線向特定的方向發射後，便只有沿著所特定的方向，電波的強度才是最強。如果接收機的天線正好對著它，所接收到的信號也就最強了。

小杜便是靠著這些無線電信號，才知道飛機是在正確的航道上飛行，以及可以進場降落了。

隨著科技的進步，早已改用了極高頻率(Very high frequency，簡稱為VHF)的無線電波，更準確地扮演著導航的角色。

(二) 極高頻率全向方面導航VOR

(1) 什麼叫做VOR

極高頻率電波的頻率帶在30～300MHz之間，而VOR所佔的頻率範圍是108.00～117.95MHz，相當狹窄，正好處在VHF頻率帶的中間。這種頻率的電波，像個直眼老虎，不會轉彎，只知直線傳播，若遇到山頂或大廈便被擋住了，所以要把天線裝設在高處。

在航道當中，每隔一段適當的距離，便設立一個地面電台，發射「全方向的極高頻率電波」(Very high frequency Omnidirectional Range)，簡稱為VOR。 如圖8-3所示，從地磁北極起，順時針方向計算，一週分

為360度。同時，又發射一組順時針方向旋轉的定向極高頻率定向電波。
當然各台有它的台名，和它的發射頻率，以資識別。

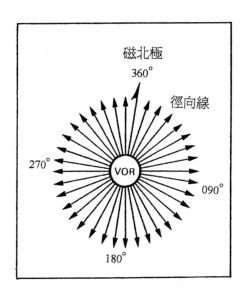

圖8-3

(2)　VOR接收機

　　飛機上都裝設有兩具接收機，當然少不了天線和接收機本身；與眾接收機不同的是，它們包括了指示器(VOR Indicator)，圖8-4便是它的倩影，再參閱圖7-12，我們便可看到它們就裝置在六個基本儀表的右邊。儀表的週邊上，有刻度表示電波的徑向(Radial)度數；儀表中央的長指針箭頭，所指的度數就是預定的航向（即機首所指的方向）。飛行員按照航空地圖的資料，轉動航向選擇旋鈕(Course select knob，簡稱為OBS)來作調整，使航向和徑向的度數一致。

　　每個VOR電台都同時發射兩個信號，接收機便會根據這兩個信號的時差，而自動算出飛機所在的徑向度數。

圖8-4

　　若飛機被風吹得偏離了航道，而換到了另一條徑向上；此時，儀表中央的長指針便會向左或右飄移，我們稱這長針為偏航指針(Course Deviation Indicator，簡稱為CDI)。橫跨在儀表中央的小刻度，代表偏航的度數。

　　指示器上還有個「TO/FR」指示記號，如果飛機是沿著徑向駛向電台，三角箭頭便會指著TO；反之，若背向電台飛去，便指著FR。

　　圖8-4中所示的例子，說明飛機正在沿著254度的徑向，背向電台而航行，並且沒有偏航的情形，因為那根長長的偏航指針並沒有向那一邊偏。

(3)　舉個例子

　　如果飛機向正北航行，機首當然指向正北(360度)，是為航向。若遇上了東風，飛機便被推而開始向西飄移，機首方向(航向)也變稍向西偏；先偏到359度，然後358度，而愈偏愈大。飛機的實際航線如圖中左邊的直線所示，我們稱為航跡(Track)。

　　參閱圖5-3，這時，飛行員勢必要把機首適度地稍向東偏，來加以修正，一直到飛機又回到360度的徑向線上為止，這時偏航指針CDI便又回到中點。

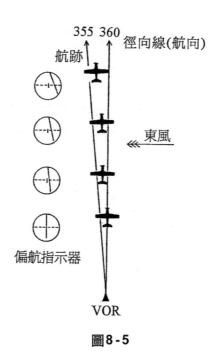

圖8-5

(4) VOR少不了航空地圖

在航路圖(Aeronautical chart)上，都標示有全部VOR電台的位置，飛機上裝有兩架接收機，可以同時處理航道上前後相鄰兩台的導航信號。所以，飛行員在起飛前務必仔細研究航路圖，決定最佳航線，和記下航道上各VOR電台的資料，便可安心上「路」了。

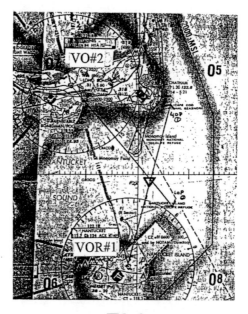

圖8-6

因為儀表板上有#1及#2兩台接收機，如圖8-6顯示：對VOR第一電台而言，飛機在它的30度徑向線上，電波的方向當然是FR；同時飛機卻位在第二電台155度的徑向線上，電波是從前面的第二台所發出的，方向當然是TO。飛機的所在位置，便由這兩條徑向線的交點，如此容易地決定了，讓我們用三角形符號來代表。

(三)　簡介最先進的地球定位系統(GPS)

(1)　如何在地圖上為王家村定位

　　如果我們曉得張家村和李家村的正確位置,但只知道王家村和張、李兩村的距離各是80公里和40公里。那麼,我們便可以為王家村在地圖上定位了。其實,這個方法也很簡單,敘述如下。

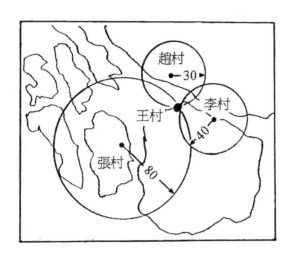

圖8-7

　　首先,在地圖上,以張家村為中心,以80公里為半徑,畫個大圓;又以李家村為中心,以40公里(當然都是按著地圖的比例尺)為半徑,也畫個大圓。這兩個大圓相交在a和b兩點,這兩點都合乎上述的條件,所以都可能是王家村的位置。那麼,究竟那一點才真是呢?

　　幸好,也知道了王家村距另外的趙家村30公里;於是又以趙家村為中心,以30公里為半徑,畫一個圓,也正好通過a點。這樣,我們便確定了王家村的位置,是在地圖上的a點;並且也查出了王家村的經、緯度。

　　這只是在平面上定位的方法,圖8-7便說明了這個道理。

(2)　地球定位的基本道理

在三度空間(即平面加上了高度)的定位，也可以用同樣的道理。只是所畫的不再是簡單的平面圓，而是立體的球面。三個球面相交的結果，便可定出空間某一點的位置了。

以此推論，如果在廣闊的太空中，立了三個據點(例如是衛星)，而且知道某個目標物(例如一架飛行中的飛機)和這三個據點的距離，以各個衛星為中心，以它們各與飛機的距離為半徑，便可以畫出三個大球面，它們的互相交切點便是飛機在空中的位置了。

(3)　24枚衛星高高在上

90年代初期，美國發射了24枚衛星，平均分佈在距離地面約兩萬公里高的外太空軌道上，每天各繞地球約兩圈，如圖8-8所示，涵蓋了整個地球。

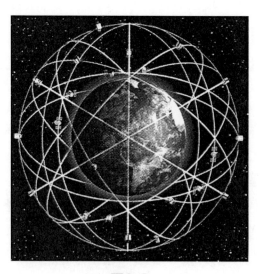

圖8-8

　　衛星在軌道上安排得恰恰好，不論何時何地，至少有四枚衛星正好飛過我們的上空，可供使喚。

　　這套系統本來是美國軍方專用，後來才開放民用，精確度為10公尺內，十分精確。

　　在前面一節裏提到過，只要知道三枚衛星本身的位置，和飛機與各衛星間的距離，便可以算出飛機的位置。所以，只要能算出這三個距離，問題便解決了。

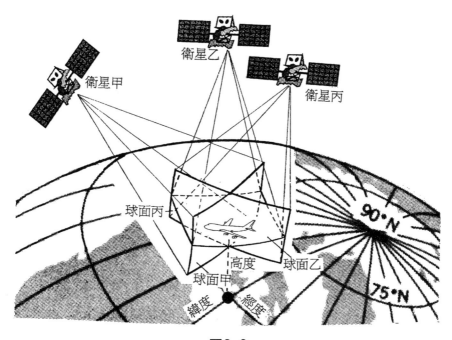

圖8-9

　　至於如何測出這三個衛星與飛機間的距離呢？道理也很簡單，這實在是拜電腦之賜。眾衛星們只是不斷地發射各自的無線電波，報告它們各自的瞬間位置和時間。當飛機(其實汽車、船艇等都包括在內)上的GPS接收機收到從衛星傳來的資料後，便可立即算出無限電波旅行所費的時間，因為無線電波和光波都屬於電磁波，只是它們的頻率區間(Band)不

同而已，查閱電磁波光譜(Electromagnetic spectrum)便可知道了，但它們的傳播的速率都是一樣的，習慣稱為光速；眾所周知，在真空中的光速是每秒30萬公里。然後以這三個時間乘以光速，便得到我們所需要的三個距離了。再勞煩能幹又快捷的電腦，立刻就算出了飛機的經緯度、高度和速度。

我們乘坐國際航空班機，便可看到電視屏幕上不時會放映出飛航資料，讓乘客們了解我們已身在何處，倒是蠻有趣的。

(4)　需要第四枚衛星作為校正誤差之用

上面講到的光速，是指光波在真空中傳播的速度。如果不是真空，而是某種物質，我們稱為介(於其間的物)質。在介質中的光速，便等於真空中的光速除以該介質對光的折射率(Refractive Index)，而所有介質的折射率都是大於1；例如空氣是1.000293，而鑽石是2.417，所以電磁波在介質中會傳播得稍慢。

舉個例子：汽車若以100公里的時速從甲城，沿著筆直的高速公路駛向乙城，費了五個小時，我們立刻便可以算出甲、乙兩城相距500公里。如果中間夾了一個丙城，那麼在汽車穿過丙城的街道時，勢必減低車速而多費了半個小時。這時我們不可以說甲、乙兩城的距離為550公里，而必須把經過丙城的路程，和多費的時間算進去，才可以算出甲、乙兩城的準確距離。高速公路可以比擬為真空，丙城中的街道便可比作介質了。

地球被大氣層中的對流層(Troposphere)和太空中的電離層(Ionosphere)所包圍，前者的水蒸氣和後者的離子就是介質。所以，無線電波經過這兩層介質時，會稍微慢了下來。還有，衛星時鐘和GPS時間的不同步也會造成誤差。而這些誤差，這便要靠第四枚衛星來幫忙校正了。

附錄 如何成為飛行員

王興中撰

國立交通大學自動控制工程碩士

美國**Embry-Riddle**航太大學航管碩士

Airbus 300 執照機師

現任：行政院飛航安全委員會執行長

這就是A300飛機的英姿

(一) 前言

　　由於台灣經濟不斷起飛，我國民航運輸也不斷地發展。近年來，國內大小航空公司不斷地擴展機隊和航線。在大幅成長之際，航空公司面臨發展上的難題：向波音或是空中巴士買飛機，只要幾個月就可以交貨了，而操縱飛機的人－飛行員，卻不是一蹴可及的。

　　航空公司要將價值數千萬到數億的飛機，和全機乘客和組員的安全，全部交到飛行員手中。飛行機師的責任十分重大，需要極佳的專業訓練，和豐富的飛行經驗，對航空知識要有徹底的瞭解，和最新座艙資源管理的觀念。

　　以往民航機師多由空軍退役轉服的飛行員擔任。由於空軍正在進行二代機的換裝(F-16和幻象2000)，飛行員的待遇提高。能夠退伍的飛行員就越來越少了。如此一來，首當其衝是國內的大小航空公司，立刻面臨飛行機師不足的窘境。

　　其實在歐美，民航機師大多是由民間航空學校出身的。近幾年國內的年輕人也開始赴美學飛，取得聯邦航空總署的飛行執照，回國進入航空公司工作。

(二) 成為飛行員的第一步

　　飛行訓練的過程如何？一般人要如何才能成為一個飛行員呢？讓我們來深入了解一下：

　　對國人而言，成為一位飛行員，是件稀奇的事。因為以前只有加入空軍，才能一償夙願。事實上，在美國二億五千萬人口中，居然有七十萬名飛行員，飛行員佔人口比例是台灣的二百多倍。飛行就和開車一樣容易。

　　在美國學飛行，並不是每一個人都以飛行作為職業。大多數的飛行員是以飛機作為自用的交通工具及休閒之用。就和開車要有駕駛執照一樣，開飛機之前，要先取得飛行的駕照。

　　在美國主管飛機監理職務，是美國聯邦航空總署(FAA)負責。對自用飛機的駕駛員，FAA設有個人飛行執照(Private Pilot License，簡稱PPL)的考試標準。決定開始學飛以後，首先需要作航空體檢，FAA會核發體檢及格證明及學習飛行駕照。便可開始學飛了！

(三)　地面理論課程

　　且慢！飛行和開車有很大的不同。首先你先要對航空知識有一個充分的瞭解。包括空氣動力學、民航法規、基礎無線電導航、氣象學及航空生理等相關的航空學科。通過航空的電腦考試，才有報考個人飛行駕照的資格。

　　如果一切順利，你便可以開始你的飛行第一課。飛機的性能手冊和檢查表，必須要背得滾瓜爛熟。首先飛行教練會教你如何做飛機的三百六十度機內外的檢查，在飛行前，要把飛機的狀況檢查的很清楚：飛機的輪胎是否有足夠的氣壓，發動機的機油量是否不足；若要作夜間飛行，要確實檢查飛機的燈光是否正常。

　　接著你要開始學如何滑行，也就是把飛機「開」到你要到的地方。但是比較困擾人的是，飛滑行不是用方向盤，而是用腳上兩個方向舵。對開慣車的人，要用腳來控制方向，會十分奇怪的。

　　滑到跑道以後，加足油門，飛機在跑道上越「飆」越快，到足夠起飛的速度，方向盤一拉，看來笨重無比的飛機，居然翩翩地飛了起來。你還來不及讚歎飛機的神奇，就得忙得做起飛後的各項動作了。

　　爬昇到五千呎，便可以開始操作飛行課目。為了能夠掌握飛機的性能，飛行課目包括失速的進入及改正，正常轉彎(30度)及小轉彎(45度)，正常狀況下與模擬引擎失效時的緊急下降。飛行員要能眼觀四面，耳聽八方，才能順利的完成各項飛行課目

　　在學飛行時，落地算是裏面最刺激，也是最有成就感的課目了。一般的飛行動作，如起飛、爬昇、巡航和下降，大概在幾次練習之後，一般人都會找到一些要領。唯有落地，實在是對飛行員最大的挑戰。

　　想要有一個好的落地，首先要有一個很穩定的下降，能保持一定的空速和下降率。太高太低，太快太慢，在落地時，就有你苦頭吃了。如此這般飛過跑道頭，距離地面的高度大約是五十呎，再降一些高度，在飛機接近地面的時候，把機頭一拉，油門一收，讓飛機在跑道上平飛，術語叫作「平飄」。由於空氣的阻力，飛機的速度越來越小，升力也隨速度的減小而減少，飛機就慢慢地向下掉，到觸地之後，仍要保持機首在上的姿態。利用機身的空氣阻力來減速，同時加上對側風的修正，保持飛機在跑道中心線上。所有動作都要在同時間內一氣呵成，才算是個好的落地。

　　在熟悉飛機操作後，下一步就是越野飛行了。在這個階段的主要學習目的，是要把飛機飛到你想要的地方。開飛機旅行，這可要比開汽車旅行複雜多了。開飛機可不能中途停下來問路，或是說停到加油站加油。飛行員在出發飛越野飛行前，要作詳細的計劃。計算飛行所需的時間和油料。

　　在完成應有的課程之後，若飛行學校覺得學生符合要求的水準。便會向FAA申請個人飛行的考試。通常考試要花一整天的時間。由FAA的考試官主持，上午是口試，測試你對航空知識的瞭解。下午就是術科考試了，秀給考試官看你的飛行能力如何。考試的時候，考試官會「出狀況」，例如把引擎關掉，「你現在引擎故障，請問你要如何處

置！」，飛行員要從容不迫執行緊急程序的檢查表。若引擎無法恢復正常，要當機立斷選擇迫降的地點，若腳下剛好有小機場，便可迫降。但若沒有適合的機場，平坦的麥田也不是錯的迫降地點。

一切順利，恭喜你，你是美國聯邦航空總署正式核可的飛行員啦！

(四)　美國商用飛行執照

若你希望以飛行作為你的職業。個人飛行執照只是一個起點，接下來，就是取得美國商用飛行執照(Commercial Pilot License，簡稱CPL)。由於商用飛行員是以飛行作為職業，所以需要有比個人飛行員更高的要求水準。

個人飛行員和商用飛行員最大的不同，在航空事業中工作的飛行員，必須在各種天氣情況下，都能執行飛行任務。若今天機場大霧，個人飛行員可以選擇取消飛行。但是商用的飛行員，可不能丟下滿載飛機的乘客及貨物，兩手一攤，說不飛就不飛啦！

(1)　儀表飛行檢定

要能在各種天氣情況飛行，必須通過儀表飛行檢定(Instrument Rating)。所謂儀表飛行是指飛行員僅依靠儀表所顯示的數據來控制飛機，不可以看外面。這聽起來十分容易，飛起來就刺激萬分。飛行員進入雲霧之中，不消幾秒，就會發生空間迷失。也就是說，飛行員若沒有天地線或是儀表的協助，是無法知道是在爬升或是下降，左轉或是右彎的。若飛行員不相信儀表，只憑自己的感覺，是很容易發生危險的。

在儀表飛行階段，要了解儀表原理，導航設備，航路圖，進場圖，聯邦航空法規。更要有超強的算術能力和空間想像力。試想由幾個儀表要能想像自己所在的位置，在幾秒之內思考出來要飛的方位。實在也不

是一件容易的事。

通過儀表飛行檢定以後，你就是風雨無阻，各種飛行情況都可以飛行的「全天候」飛行員了！

(2)　多發動機檢定

由於大部分的客貨運飛機，都有兩個或兩個以上的發動機。由此之故，商用飛行課程的下一個階段便是多發動機飛行檢定。取得此一執照，才有資格飛多發動機的飛機。

在發動機正常的時候，多發動機的飛行和單發動機的飛機是很類似的。但重頭戲是，當其中一邊發動機故障時。飛機會因左右推力不平衡，機頭會猛地向故障發機邊「甩」過去。若沒有立刻用方向舵改正，飛機會像一個陀螺進入失速狀態。為了訓練單發動機失速的處置程序，飛行教練會把一個引擎突然收掉，飛行學員必須立刻做改正的動作。因為要用腳抵著方向舵，以克服機頭的側偏。在結束課目落地，飛行學員的腳還會抖半天呢！

取得儀表飛行檢定和多發動機飛行檢定以後，通過商用飛行執照的電腦筆試和飛行考試，一個商用的飛行員又產生了。

(五)　如何順利取得飛行執照

已有越來越多的國人自費到美國學習飛行。如何可以順利取得你的飛行執照，成為飛行員呢？輔導國人去美國學飛有相當豐富經驗的萊特航太留遊學中心，提供下列幾個建議：

(1)　儘可能多飛，累積足夠的飛行時數

中華民國民航局規定，商用飛行員的時數只要三百個小時。而七百個小時則可擁有高級商用飛行執照，才能算是成熟的飛行員。航空公司

要將價值數千萬的飛機，交到飛行員的手中，自然對其資格精挑細選。

對飛行員來說，越多的飛行時數表示飛行經驗越豐富，也是航空公司人事單位極力爭取的。一般而言，六百到一千的飛行時數，進航空公司的可能性極高。赴美者可以在取得商用執照後，擔任飛行教練以累積飛行時數，便可大大地節省航空留學的費用。

(2)　慎選辦學良好的飛行學校

由於現在航空科技日新月異，現在的飛行已不是傳統的「一桿兩舵」的時代。不論是國內或是國外，航空公司不只要求飛行時數，也希望所僱用的飛行員有豐富的航空知識，與現代座艙資源管理的觀念。

(a)　學校的選擇－學校領有何種執照

符合FAR Part 141 的學校為唯一選擇。學飛行最重要的是要學得紮實，不可速成，不宜取巧。在美國的飛行學校依據美國FAR(Federal Aviation Regulation)的規定可分為Part 141及Part 61的學校。

全美共有上千所飛行學校，大如UND、ATTI、FLIGHT SAFETY等名校，小至只有不到10架飛機之學校，甚或連學校皆稱不上的俱樂部(無法發給外國學生簽證)。飛行學校的選擇除了直接影響訓練時的安全及教學品質外，更影響了您返台後進入航空公司的就業機會。

Part 141的學校必須依照FAR的規定在教學設備上要達一定的水準，教學嚴謹，對於學生的課程進度要有詳實的記錄。學校按照課程進度會有階段性的考試，以評量學生的學習成效及監督飛行教練是否認真教學，以確保學校的教學品質。

(b)　課程的安排與規劃－學校所提供訓練課程是否完善

飛行訓練課程繁雜，需要學的科目很多，學校必須幫學生做有系統的規劃，以便達到最佳的學習效果。

飛行課程從單飛(Solo)，私人執照(PPL)、商用執照(CPL)、教官執照(CFI)、儀器教官執照(CFII)、多發動機教官執照(MEI)至高級商用運輸執照(ATP)都需有妥善的安排規劃，尤其初期階段若不能打好基礎，養成壞習慣，則往後的訓練只會越來越辛苦，而不會有倒吃甘蔗的感覺。再者，學校能提供的課程越多，您的選擇及彈性也越大，以便隨時配合台灣的就業市場做課程的調整。

(c)　訓練機場的選擇－機場的飛航設施是否完備

理想的訓練機場必須有完善的飛航設施，如儀器進場(Instrument Approach)設施，尤其是ILS，因為這是各家航空公司要求的重點。另外，當地天氣狀況也很重要，因為Airline Pilot必須為All Weather Pilot，所以有各種天氣變能讓飛行員經歷春、夏、秋、冬各個季節特性的機場是比較好的選擇。

(d)　學費－如何付款

每個飛行學校的報價都不盡相同，太貴的難以負荷，太便宜又不太合理。

對於付款方式也應有所斟酌，一次付清？分期？或學到那付到哪？

每個飛行學校在招生時一定會誇讚自己學校的好處，以便能收到更多的學生。所以在前往美國學飛前最好能多了解幾所學校，尤其是付款後若要退費將是一大麻煩事。再者學校的體質及歷史皆是考量的重點，以避免學校有可能倒閉的情形發生。若能先參觀其教學設備，了解教學現況後，再決定是否註冊是最好。

(e)　赴美簽證－學校可簽發之簽證種類

赴美簽證可分為B-1、M-1及J-1等，若是赴美從事飛行訓練，則必需以J-1或M-1入境，以確保在美國學習時的居留權，若以B-1簽證入境，居留期無法掌握，再次入境時可能會有問題，且出入頻繁影響訓練課程。若不小心逾期居留更影響自己的權益。建議在選擇學校時，以可以簽發合法J-1或M-1簽證之學校列為優先考慮。

注意：請避免以向語言學校申請I-20之身份赴美受訓，以免萬一身份出了問題而斷送了學飛之途。

(f)　飛行安全－飛機的數量、種類、以及是否有自己的修護棚廠

每位學飛的學員最關心的是飛行安全，飛機是否正常維修影響飛行安全甚鉅。合格的飛行學校應有自己的維修棚廠，且須符合FAA及飛機製造廠的合格認證標準。另外，飛機數量及種類的多寡，則直接影響了學習飛行的進度。

(g)　生活上的安全問題－赴美之地治安是否良好

去美國學飛除了前面所列的注意事項外，尚有一個很重要的問題，那就是學習的地方。熱鬧繁華處固然好玩，卻是犯罪率高的地方，所以要慎選治安良好的地方。

(h)　飛行記錄－學校是否可核發飛行記錄證明

飛行員在受訓過程中都應詳實登錄飛行時數，以做為回國申請工作的依據。要想回國能順利進入航空公司工作，最好可以取得辦學良好飛行學校的結業證書。因為曾有不肖的飛行學生，和業餘飛行教練「合作」，灌水虛報飛行時數，結果遭航空公司發現而解僱。如今各家航空公司，為了維持麾下飛行機師的水準，對飛行員嚴格地把關。若為了節省經費或貪圖速成，找業餘的飛行教練學飛，可能會「賠了夫人又折兵」。

(六) 最好可以在國內先作地面學科的預習

　　學飛行最艱苦的階段,是在單飛的階段。飛行學員一方面要克服飛行技術的瓶頸,另一方面要準備執照考試的筆試,體力和精神都不能維持在最佳的狀況。常常會有書唸不好,飛行也沒有心得的窘境。若可以在台灣便加強航空學科,到美國航空學校時,便可專注於飛行課目。如此便可事半功倍,輕鬆成為飛行員!

　　赴美受訓注意事項非常的多,但只要先在台灣做好萬全的準備及規劃,赴美後專心用功學習,半年後您將會是一位專業的商用飛行員了。

若有任何疑問歡迎來電詢問
萊特航太留遊學中心
(03)331-6702

國家圖書館出版品預行編目資料

揭開飛行奧秘 / 王懷柱編著. -- 五版. --
　新北市：全華圖書, 2013.01
　　面　；　公分
　ISBN 978-957-21-8810-1(平裝)

　1. 飛行

447.55　　　　　　　　　101026429

揭開飛行的奧秘

作者 / 王懷柱

發行人 / 陳本源

執行編輯 / 翁千惠

出版者 / 全華圖書股份有限公司

郵政帳號 / 0100836-1 號

印刷者 / 宏懋打字印刷股份有限公司

圖書編號 / 0332104

五版二刷 / 2015 年 12 月

定價 / 新台幣 380 元

ISBN / 978-957-21-8810-1(平裝)

全華圖書 / www.chwa.com.tw

全華網路書店 Open Tech / www.opentech.com.tw

若您對書籍內容、排版印刷有任何問題，歡迎來信指導 book@chwa.com.tw

臺北總公司(北區營業處)
地址：23671 新北市土城區忠義路 21 號
電話：(02) 2262-5666
傳真：(02) 6637-3695、6637-3696

中區營業處
地址：40256 臺中市南區樹義一巷 26 號
電話：(04) 2261-8485
傳真：(04) 3600-9806

南區營業處
地址：80769 高雄市三民區應安街 12 號
電話：(07) 381-1377
傳真：(07) 862-5562

歡迎加入 全華會員

● 會員獨享

會員專購書折扣、紅利積點、生日禮金、不定期優惠活動…等。

● 如何加入會員

填妥讀者回函卡函接傳真 (02) 2262-0900 或寄回，將由專人協助登入會員資料，待收到 E-MAIL 通知後即可成為會員。

如何購買 全華書籍

1. 網路購書

全華網路書店「http://www.opentech.com.tw」，加入會員購書更便利、並享有紅利積點回饋等各式優惠。

2. 全華門市、全省書局

歡迎至全華門市（新北市土城區忠義路21號）或全省各大書局、連鎖書店選購。

3. 來電訂購

(1) 訂購專線：(02) 2262-5666 轉 321-324
(2) 傳真專線：(02) 6637-3696
(3) 郵局劃撥（帳號：0100836-1　戶名：全華圖書股份有限公司）

※ 購書未滿一千元者，酌收運費 70 元。

OpenTech.com.tw 全華網路書店

全華網路書店 www.opentech.com.tw
E-mail: service@chwa.com.tw

※ 本會員制如有變更則以最新修訂制度為準，造成不便請見諒。